【超圖解】

土壤、肥料的基礎
知識&不失敗製作法
（修訂版）

東京農業大學名譽教授
後藤逸男 監修

張華英 譯

國立中興大學土壤環境科學系
終身榮譽國家講座 教授
楊秋忠 審定

晨星出版

知的農學！

在這個人手一隻智慧手機的知識爆炸時代，拜個 Google 大神就以為能一秒變專家。但是，這些唾手可得的網路知識可靠嗎？我們能信任它嗎？如同美國電視節目「流言終結者 (MythBusters, 2003 年開播)」的製作概念：**端正網路的流言迷思和錯誤資訊**，正是我們「知的！」系列所推崇「真知識」的叢書宗旨。知的書系囊括自然類（包含植物、動物、環保、生態）、科學類（宇宙、生物、天文）、數理類（數學、化學、物理）、心理類等真知識，內容包羅萬象，就等待你來挖掘科學的美好。

然而，近年來連續爆發的瘦肉精、塑化劑、黑心油等食安問題，讓提供糧食的供給者及食物消費者從上至下人心惶惶，而自然農法的觀念因而興起。在 2015 年舉辦的米蘭

世界博覽會，更以主題「潤養大地，澤給蒼生」（Feeding the Planet, Energy for Life）探討食物議題，提出如何獲得健康、安全和足夠食品的權利，引領世人投入農業與正視食安問題。

因此「知的農學！」誕生了！不論您是重視食材源頭的餐廳大廚、思考農產品未來的農家子弟、崇尚陽台自給自足的都市農夫、學習廚餘如何再生的家庭主婦或是即將踏入農業的種菜新手，我們提供渴望新知的您**在生硬教科書之外的新選擇—「知的農學」系列科普叢書**。它不僅是您在學習農學上的工具書，輔助您精益求精，更是您獲得新知、新思維的知識寶庫。

現在，就讓我們一起享受農業帶給我們的樂趣吧！

前 言

　　想種植可口的蔬菜、美麗的花朵，首先得從土壤培育著手。不僅是專事生產的農家，只要是熱愛園藝的人，肯定都會最先想到這一點。

　　經常耳聞的「土壤培育」，絕非指製造土壤本身。土壤是大自然歷經漫長歲月創造而成，並非人類可以插手干預的。所謂土壤培育，是指調整土壤的 pH 值與養分狀態，製造出農作物容易生長的環境。

　　由於最近掀起一股園藝風潮，以都市近郊為中心的市民農園與體驗農園，或使用花槽和花盆等輕鬆享受家庭園藝的人逐漸增加。接觸土壤、感受栽培作物樂趣的同時，「農事」成為貼近人們日常生活的切身之事，實在是值得喜悅。然而，對於園藝的基礎──土壤與肥料，人們究竟理解多少？這一點令人心存疑問。栽培作物前，得耕種土地，倒入堆肥等有機物使之鬆軟，再倒入石

灰與磷素等土壤改良材料與基肥。如此反覆的步驟便是土壤培育。日本的土壤大多是酸性，磷素也少，故不適合栽培作物，這些作法並非錯誤。然而，長久持續以同樣手法進行土壤培育，土壤中便會累積磷酸鹽與鉀等養分，若用人體來比喻，就是代謝症候群，即陷入「土壤代謝化」的狀態。

「土壤代謝化」並非僅限於農家田地的場合。倒不如説，在家庭菜園方面更嚴重。這是因為一般園藝愛好者常依自己見解，不太考慮材料成本，而容易投入超出所需的肥料與堆肥。

如同人體健康的基本是要吃八分飽，控制土壤養分也有助於防治病蟲害，可栽培出品質良好的作物。但是，因缺乏正確知識，供給土壤過多養分，不只有礙作物生長，也會提高發生病蟲害的危險性。不僅如此，「土壤代謝化」與水域優養化的環境汙染也有關聯。

本書的目的是先讓各位了解土壤，然後讓讀者判斷今後使用的土壤狀態，並且適當地進行土壤培育和施肥。不僅如此，在土壤培育時，首先倒入堆肥等有機物，使土壤鬆軟是不可或缺的一個步驟。 關於這點，會在出版的系列書籍《【超圖解】堆肥・綠肥的基礎知識＆實用製作法》（イラスト基本からわかる堆肥の作り方 使い方）中詳細説明。

　　土壤與肥料，皆是地球有限的資源。我們切莫忘記，正是使用如此貴重的資源，才能享受園藝的樂趣。關於土壤培育，首先得從根本理解，並只使用所需部分的有限資源來享受園藝的樂趣。敝人衷心希望能夠推廣這種享受園藝的正確知識。

2012 年 1 月
後藤逸男

contents

第3章

土壤培育與栽培
的基礎　　　53

第4章

培育花盆、花槽中
的土壤　　　71

contents

第5章
肥料的基礎與挑選方法 91

第6章
肥料的用法　　119

土壤是什麼

平常我們習以為常的土壤，是孕育地球上一切生命與環境的根本。所謂「土壤」，也可稱為「能栽培作物的土壤」，是經由地球長久的作用創造而成。您對於土壤了解多少呢？了解土壤的作用與構造後，就更能明白土壤管理作業在栽培蔬菜與花卉時的必要性。

1-1 土壤是重要資源

土壤是地球的皮膚

　　土壤，是覆蓋在地球陸地的表面，可説是「地球的皮膚」。以岩石為主原料，驅動包含水、空氣、動物、微生物等地球的綜合力量，由大自然經年累月而創造的珍貴寶物，就是「土壤」。

　　普通的菜園或稻田的土壤深度約有 1 公尺，然而，假如地球上全部的土壤都聚集在一處，單純地平坦延展，其厚度據説也僅有 18 公分。而且在日本的風土氣候下，1 年內形成的土壤厚度也不超過 2 毫米。如此可知，土壤是地球不可替代的資源。

平均全世界土壤的厚度，竟僅有18公分！

海

基岩

土壤

土壤能療癒人心

邊玩土邊種植蔬菜與花卉，享受收成或鑑賞等園藝之樂的人正逐年增加。不只家庭庭院與花壇，在陽台上用花盆、花架栽培，活用都市農園出借區塊給想種植的人，或市民農園與體驗農園等皆大受歡迎。不曾接觸過土壤的一般人，在園藝風潮的帶動下，也對土壤愛不擇手。

另外，人與土壤的關係不僅限於園藝的領域。透過栽種植物，鑑賞、收成、加工等園藝活動，以高齡者或身心障礙者等需要治療支援的人為對象，有助於療癒心靈或恢復身體功能的「園藝療法」；或志願從事園藝活動，讓日常生活充實、帶來滿足感與生存價值的「園藝福祉」等，在醫療、福利的領域中也受到極大的矚目。

如此，身為地球資源的土壤，與人們的生活更加緊密結合，有了發揮的舞台。或許您覺得土壤是隨處可見的，但正因我們處於目前這個時代，對於土壤的深入理解更顯得重要。

除了農業或園藝以外，土壤也在各式各樣的領域中活躍發展呢！

土壤由什麼所構成？

地球誕生時只有岩石，但因太陽熱能形成的地表裂縫讓水滲入凍結膨脹，將岩石撐開破壞，或岩石經由冰河的移動削切變細，再加上植物產生的有機物，遂而形成土壤。

請拾起庭院的泥土，用指尖搓搓看。泥土中

■形成土壤的過程

因太陽熱能或風雨等風化作用將岩石撐裂

長出苔癬

長出地衣植物

岩石風化或裂損

耐乾燥的地衣植物（苔癬的同類植物）在岩石上生長，一點一點地分解石塊。另外，只在無機物生長的特殊微生物也會逐漸分解石塊

地衣植物或棲息在岩石縫隙間的微生物會進一步崩裂岩石

含有粗糙的砂與光滑的黏土。砂是因岩石風化而變細，黏土則是砂的一部分，與水和空氣起化學反應所形成的，在本質上與砂構造相異。土壤的顏色主要多是黑色，這是稱為腐植質的有機物。

　　腐植質發揮如水泥般的作用，結合砂與黏土形成土壤。然後，耗費數千年、數萬年不斷地重複，逐漸製成土壤。

腐植質

土壤中的植物殘餘或動物遺骸等有機物腐敗後，分解形成的物質。是大自然經年累月才形成的有機化合物，雖說是將如堆肥般的有機物放進土壤中，但不是立刻就能製成的。

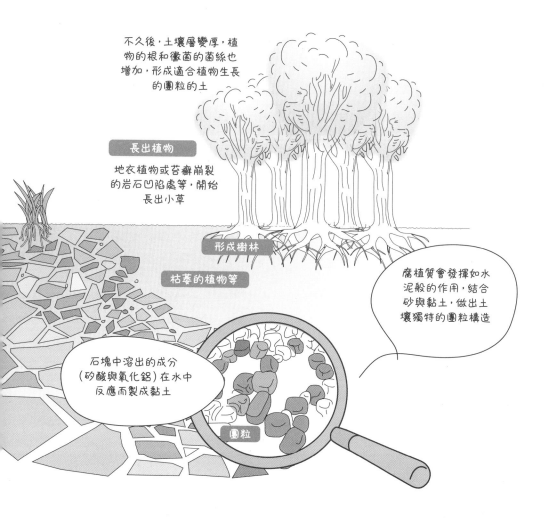

不久後，土壤層變厚，植物的根和黴菌的菌絲也增加，形成適合植物生長的團粒的土

長出植物

地衣植物或苔癬崩裂的岩石凹陷處等，開始長出小草

形成樹林

枯萎的植物等

腐植質會發揮如水泥般的作用，結合砂與黏土，做出土壤獨特的團粒構造

石塊中溶出的成分（矽酸與氧化鋁）在水中反應而製成黏土

團粒

日本土壤貧瘠

日本的土壤與各國相比較為貧瘠，尤其具有酸性強的特質。

日本整年度的降雨量高達世界年平均降水量的 2 倍以上，在全世界亦是屈指可數的多雨地域。降雨多，鹼性礦物質便容易流失，土壤的酸性會增強。表示土壤中鉀或鈣較少，因此日本的土壤可說並不肥沃。

然而，與各國土壤相比，日本土壤縫隙多較為鬆軟，植物容易扎根也是一項特色。

分布在日本的土壤種類

分布在日本的土壤如右圖。大部分的國土稱為「褐色森林土」，由闊葉樹林下的山林所形成的土壤占據。含有許多腐植質，為酸性土壤。

日本全國的菜園與田地最常使用的土壤為「暗色火山灰土」。它是以火山灰為原料既黑又輕的土壤，除關東高原以外，亦散布在大型火山周邊。一般稱作「黑土」，有不少人以為這是非常肥沃的土壤。然而，儘管黑土的排水性與保水性等土壤物理性優異，卻是酸性強、幾乎不含磷肥的貧瘠土壤。

主要當成水田利用的「低地土」（沖積土），是藉由河川運來的土砂堆積而成的土壤，雖然酸性強，但在日本的土壤中最為肥沃。

在西日本的菜園田地可見到「紅黃土」。在降雨量多、氣溫高的地區，有機物分解快速，形成不太含有有機物的黏土質土壤。因酸性強，適合栽種茶葉和馬鈴薯。土壤中含有愈多鐵的成分，顏色就愈紅。

灰化土
（針葉樹林的土壤）

亞寒帶的植被多為針葉樹林。葉片比闊葉樹的葉難分解且溫度較低，因此會形成酸性強的腐植質。

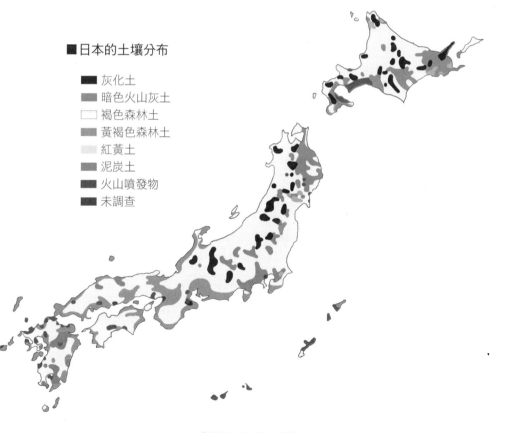

■日本的土壤分布

- 灰化土
- 暗色火山灰土
- 褐色森林土
- 黃褐色森林土
- 紅黃土
- 泥炭土
- 火山噴發物
- 未調查

《圖說日本的土壤》（朝倉書店）

1-2 土壤的質地和構造

依顆粒大小而有不同質地

　　土壤的質地會因岩石顆粒的大小或其混合比例而有所不同。

　　例如,僅由細微顆粒形成的黏土沒有空隙。因此黏土擁有很好的保水性,卻相對的在透氣性和排水性方面較差。相反的,大顆粒礦物集聚的砂則有很好的排水性和透氣性,但保水性不佳,土壤會容易乾掉。

　　依混合的比例,土壤可區分為以下幾種質地。

■土壤的質地

砂質性	砂土 （Sandy Soil）	含有80％以上的海岸砂粒或河砂,每顆砂粒都不吸水,因此不具保水性。
	壤土 （Loamy Soil）	含有25～45％細微顆粒的黏土,是適合絕大多數植物生長的肥沃土壤,常利用於菜園田地。
黏質性	黏土 （Clay Soil）	含有50％以上黏土般細微顆粒的土。透氣性和排水性較差,但保水性佳,多數水田的土壤就是這一種。

在作物生長方面，以均衡混合砂和黏土這兩者，且保水性和排水性具佳的「壤土」最為適合。然而，土壤的性質並非單純取決於砂和黏土的混合比例，顆粒的形狀與排列方式（結構）也會有大幅影響。

如下圖所示，土壤顆粒的名稱是根據顆粒大小分類。肉眼只能分辨至細砂的程度。透過土壤是否含有大量黏土，或者砂占了多少比例等數據條件，即可大略推算出該土壤的物理、化學性質。

■土壤顆粒的名稱

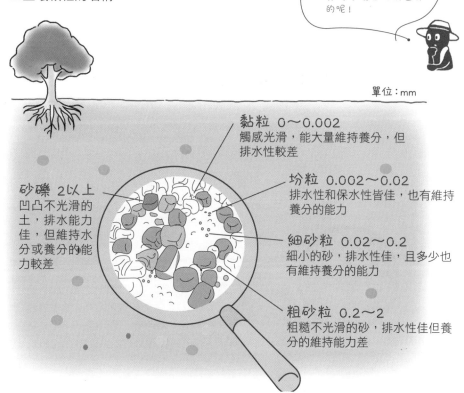

從細砂到黏土，擁有各樣性質的顆粒交雜混合一起。原來土壤的性質是依混合比例區分的呢！

單位：mm

黏粒 0～0.002
觸感光滑，能大量維持養分，但排水性較差

坋粒 0.002～0.02
排水性和保水性皆佳，也有維持養分的能力

細砂粒 0.02～0.2
細小的砂，排水性佳，且多少也有維持養分的能力

粗砂粒 0.2～2
粗糙不光滑的砂，排水性佳但養分的維持能力差

砂礫 2以上
凹凸不光滑的土，排水能力佳，但維持水分或養分的能力較差

認識土壤的結構

　　土壤顆粒一顆顆分散排列的狀態稱為「單粒構造土」；土壤顆粒集聚、大小的團狀塊聚集的狀態稱為「土壤團粒構造」。

單粒構造土

　　能充分保持水分，但小顆粒之間的空隙狹窄，透氣性差，會妨礙根的呼吸。

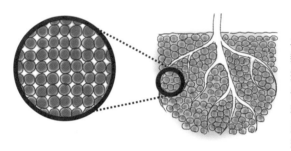

土壤顆粒是細緻的黏土質時，能保持水分但透氣性不佳。相反的，顆粒粗大的砂質性時，則會水分不足、肥料不足。

土壤團粒構造

　　大顆粒之間會形成寬敞的空隙，因此排水性佳，空氣隨後進入，所以是透氣性也很好的土壤。另外，因團粒中的各個小顆粒皆不同，保水性良好，是植物生長上偏好的土壤。

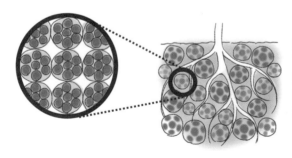

放大觀察大團粒，可看出是由各個小團粒組成，而小團粒又是由更小的團粒組成。

製作土壤團粒的有機物

組成團粒的顆粒主要是黏土和砂。黏土和砂各含有 20 ～ 40% 最為合適，但僅僅如此仍無法團粒化。顆粒彼此必須互相凝聚。

單粒構造的凝聚條件有 3 點：第 1 是「乾燥」。第 2 是「根的伸長」，根擠壓土壤顆粒後撥開顆粒延展時，周圍的黏土或砂便會凝聚。而第 3 點是微生物的影響。在微生物分解有機物的過程中，會生成「有機黏著物」，這個物質能使凝聚的黏土和砂緊密結合。

然而，這種結合關係並不穩固，團粒的壽命也不長。如果放著不理，沒多久就會凝固而恢復成單粒構造，因此在栽種時施加堆肥或腐植土等有機物，是維持團粒構造的必要做法。

乾燥　　　　　　　　根的伸長　　　　　　微生物的影響

水分流失，單粒凝聚　　周圍的黏土或砂凝聚　　在微生物分解有機物的過程中，生成「有機黏著物」

1-3 土壤和植物的關係

植物的生長機制和土壤的角色

植物從土壤中吸收水分和養分（無機營養素）成長。從種子裡最先冒出頭的是植物的根。根會往土壤更深層的位置伸展，吸收土壤的水分和養分，支撐植物冒出地面的部分。因此為了讓植物生長得好，容易生長根的土壤便成了必要條件。

莖有「導管」和「篩管」這2種管。導管會將根部吸收的水和養分運送到枝和葉；篩管則是將葉製造的有機成分（光合作用的產物）運送到根和各部位。

在葉子上，葉的葉綠素、根吸收後透過莖運送而來含養分的水、從葉的氣孔進入的二氧化碳（碳酸氣體）等三大要素會接收光的能源而進行光合作用（碳酸同化作用），製造碳水化合物這項有機物，成為植物的營養。

植物是由葉片背面的氣孔蒸發水氣以調節溫度。當蒸發旺盛，根部吸收養分的作用也會跟著活躍。如果根部吸水與葉片蒸發水氣的平衡關係崩解，則功能會衰減，植物會枯萎。

栽培花卉和蔬菜，一定需要土壤嗎？

植物生長的必要條件是「水、空氣、溫度、養分」。近年蔬菜工廠林立，開始以不使用土壤的水耕栽培等方式進行生產。也就是説，土壤並非植物生長的必備條件。然而，土壤本身也擁有水、空氣、養分的性質，是非常合理的生長介質。另外，若以土壤為介質的栽種，也有微生物會分解有機肥料或廚餘等有機物，藉以作為養分使用等優點。

然而，植物無法將有機物吸收為養分，只能吸收無機物。土壤中含有各式各樣的有機物，土壤裡有動物和微生物等多種生物在進行活動，牠們會將成熟植物掉落地面的葉片或果實等有機物分解成無機物，或是改變土壤的結構。

如此，土壤和植物便在自然的循環中形成密不可分的關係。

■土壤和植物的關係

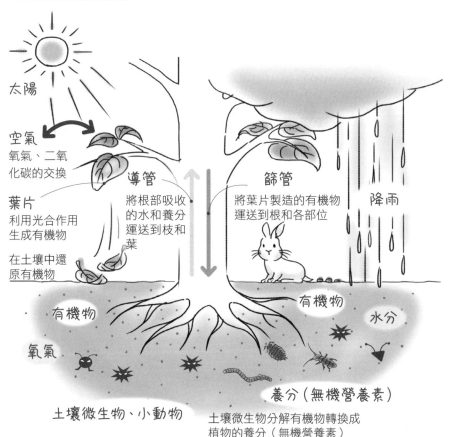

太陽

空氣
氧氣、二氧化碳的交換

葉片
利用光合作用生成有機物

在土壤中還原有機物

導管
將根部吸收的水和養分運送到枝和葉

篩管
將葉片製造的有機物運送到根和各部位

降雨

有機物

有機物

水分

氧氣

養分（無機營養素）

土壤微生物、小動物

土壤微生物分解有機物轉換成植物的養分（無機營養素）

1-4 植物偏好的土壤

何謂 pH 值

所謂 pH 值,是表示「酸性、中性、鹼性」程度的值,在化學領域中將 7 定義為中性,但植物生長方面則是略低於此值的 6.0 ～ 6.5 最為合適。其中也有像藍莓或映山紅(杜鵑花)等植物,偏好 pH5 程度的酸性土壤。

認識土壤的 3 條件

　　所謂植物偏好的土,就是適合根生長的土壤環境。在植物需要時,能提供水分、養分、空氣的土壤,即為土壤的基本。首先,大多數的植物處於浸在水中的狀態下會無法呼吸而氧氣不足。為了讓排水良好,土壤顆粒和顆粒之間需要有空隙。只要有空隙,空氣就能進入,同時也能成為多餘水分的排水路徑。

　　為了有效栽種花卉或蔬菜等植物,首先,需要排水與保水能力佳的土壤,因此,使土壤團粒化的「物理性質改善」甚有必要。另外,為了讓植物的根在土壤中順利伸展,維持土壤的 pH 值和適度養分的「化學性質改善」亦為一大重點。而且,這些項目改善後,用來促進土壤團粒化的分解有機物、跟土壤微生物與土壤小動物有關的「土壤生物的影響」皆會變得活躍。

　　在此,我們將先說明土壤的物理性和化學性。

排水、保水佳（土壤的物理性）

　　根系的生長發育首重的是改良空氣的流動。根透過呼吸取得氧氣，氧化植物內儲存的有機物以排放二氧化碳，再經由此能量吸收水分和養分。因此，在透氣性佳、氧氣充足的環境下，會活躍地不斷伸展新的根。然而，土壤中空氣不流通而氧氣不足時，根會出現窒息狀態而從根的頂端處開始枯萎。這就是所謂的根腐病。在預防根腐病上，需要將土壤翻耕成蓬鬆狀態，使土壤團粒化。

　　將一顆團粒放大觀察，可知每顆團粒都是由小團粒相結合而成，而小團粒也是由更小的團粒組成。每顆團粒都是由大小不同的砂或黏土組成。

　　團粒和團粒之間的寬度有許多種，空隙愈窄愈能儲存水分；空隙愈寬水分愈能順利流過，然後讓新鮮的空氣進入。

　　利用使土壤團粒化的方式，可以改善土壤的排水性、保水性、透氣性。

　　在菜園田地的土壤中製造大量的團粒時，需要施用有機肥料或堆肥等有機物，來活化土壤中的微生物。

土壤中的團粒

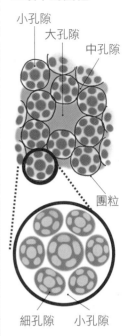

小孔隙
大孔隙
中孔隙

團粒

細孔隙　　小孔隙

團粒擔任的作用依之間的寬度而改變

空氣

團粒　　團粒

水

團粒間的空隙寬，則空氣流入

團粒　水　團粒

團粒間的空隙窄，則水分儲存

如果 pH 值太低

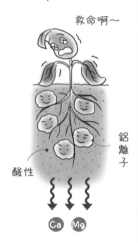

救命啊～

鋁離子

酸性

Ca Mg

若pH值下降使酸性變強，則土中的鋁離子會活化而損傷根部。

最適合植物的 pH 值

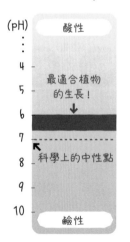

(pH)

酸性

4
5
6
7
8
9
10

最適合植物的生長！
↓

科學上的中性點

鹼性

土壤的 pH 值和保肥力（土壤的化學性）

為了讓植物的根順利伸展，土壤的 pH 值和養分（無機營養素）的均衡必須適當。

在降雨量多的日本，土壤中的鈣（Ca）或鎂（Mg）等鹼性礦物會藉由雨水流至地下，因而形成約 pH5 ～ 6 酸性強的土質。酸性土壤中的鋁離子會對植物的根造成極大損傷，因此有必要保持適當的酸鹼度。

另外，植物在需要時必須從根部吸收所需的養分量。土壤具備儲存養分的能力，此能力稱為「保肥力」。如果土壤中的優質黏土和腐植質較多，則保肥力提升，作物穩定生長。

在肥料施予土壤的養分當中，氮（N）、鉀（K）、鈣、鎂這幾種養分溶於水時都會轉變為陽離子，因此能吸附在帶負電（負電荷）的黏土或腐植質上，即使有雨水或灌水亦不容易流失。也就是說，當土壤的負電荷量愈多，保肥力就愈大。這一點由「陽離子交換能力 (Cation Exchange Capacity)」的值表示，且以英文的開頭字母「CEC」稱之。

另外，人要維持健康，均衡攝取八分飽的優質食物是很重要的，相同的，土壤也需要適量地給予養分。

施肥過量是大忌，同時也必須注意土壤在不知不覺間累積肥料成分。若過量給予氮肥，鹽類濃度

會升高，且滲透壓提升，將使土壤吸收水分的能力下降。此外，如同日文俗語「青菜に塩」（意指「無精打采、垂頭喪氣」）所言，水分可能會從根部流出，最後造成生長不良。

鹽分過多的土壤

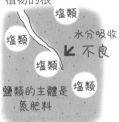

植物的根
塩類
水分吸收
不良
塩類
塩類
塩類
鹽類的主體是氮肥料

■陽離子交換能力（CEC）大小的差異

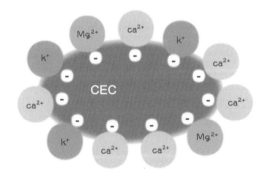

如果CEC大，可以大量吸引陽離子的肥料成分

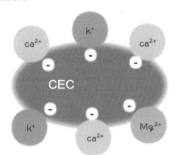

何謂 CEC

若將土壤比喻為人，CEC 可說是「土壤的胃」。然而，並非是將養分儲存在胃裡，而是指黏土或腐植質的表面上有陽離子的養分吸附著的容量。此 CEC 的值是土壤保肥力的大小。

1-5 多樣的土壤微生物

植物、動物、微生物的循環作用

　　土壤中，有許多種類的微生物生存棲息。當土壤的物理性和化學性皆優異時，土壤微生物的數量會增加，形成多元豐富的環境。

　　微生物可以使土壤團粒化，也可以將動植物屍體等有機物分解成植物容易吸收的氮或碳等養分。植物生長、動物再以該植物作為食物食用生存，當我們思考此一循環，即可得知微生物的作用有多麼重要。

　　接下來，讓我們一起查看存在於土壤中的微生物究竟有哪些。

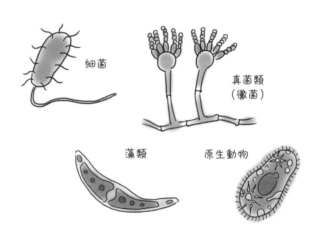

細菌

真菌類
（黴菌）

藻類　　　　原生動物

土壤中有非常多肉眼看不見的微生物喔！

微生物的作用也有區分

微生物在生物學上可大略分為「真菌類（黴菌）」「細菌 (Bacteria)」「藻類」「原生動物 (Protist)」等 4 大類。土壤中，主要是由真菌類和細菌活躍地分解有機物。

在土壤中，最早先有真菌類附著，大略分解有機物後，再由酵母、乳酸菌等把這些有機物分解成植物能吸收的養分（無機營養素）。以「真菌類是柴刀，細菌是菜刀」比喻，應該更容易理解吧。

真菌類在有氧氣的環境下，如果胞子發芽的話，將會形成細長菌絲而繁殖。真菌類具有分解植物纖維、木質素 (Lignin) 等難分解物質的能力。

細菌是最原始的原核生物，其基因存在的染色體是由 DNA 及蛋白質組成。一般真核生物的染色體是由來自父母雙方組合的 2 條 DNA 纏繞所組成，且存在於細胞核這個封閉式的膜狀胞器內，以保護當中的 DNA，但細菌沒有細胞核，其 DNA 是以裸露方式折疊在細胞質當中。

這樣的微生物，據說在 1g 的土壤中有超過 1 億個以上，如同「土是活的」的比喻，有許多的生物在土壤中孕育生長。

動物和植物的始祖

屬於原生動物的變形蟲（阿米巴原蟲）沒有堅硬的細胞壁，直接用柔軟的細胞膜與外界接觸，因此能自由地變化形狀，且以食用細菌維生。變形蟲可說是沒有細胞壁的動物的始祖。

另一方面，植物的始祖是帶有葉綠體能行光合作用的藻類。

種類不同，食物也不同

有別於前述的 4 大類別，也可以依食物（獲得能量來源）的差異，分類為以微生物或有機物為食物的「有機營養微生物」，以及以無機物為食物的「無機營養微生物」。

土壤微生物之中有 95％是有機營養微生物，但剩下僅有 5％的無機營養微生物中，則有硝化菌 (Nitrifying bacteria) 可作為代表。

硝化菌可分為讓銨轉變為亞硝酸以取得能量的「亞硝酸菌」，以及讓亞硝酸和氧氣反應後轉變為硝酸態氮 ($NO_3^- N$) 以取得能量的「硝酸菌」。

通常這兩者會同時存在，因此生成的亞硝酸能立刻轉變為硝酸。如果此變化無法順利進行，則有毒的亞硝酸會殘留在土壤中，對植物造成損害。

植物生長中不能缺少氮，但植物較偏好吸收硝酸態時的氮。此硝酸的材料是土壤中的有機物經微生物分解後的銨。能將銨轉變為硝酸的只有硝化菌。如此，可知土壤微生物中僅占極少比例的硝化菌掌握了植物生長的關鍵，不只如此，硝化菌亦是支配地球上氮循環的重要微生物。

硝化菌的作用

氮肥料的施肥

銨離子
(NH_4^+)

↓ 硝化菌的作用

硝酸離子
(NO_3^-)

植物吸收

如果沒有天然的硝化菌，植物將無法吸收氮肥喔！

好氧或厭氧性

　　是否偏好氧氣，也就是說，微生物也可以依照是否需要氧氣進行分類。有氧氣便無法生殖的菌種（絕對厭氧菌），主要生存在水田或溼地等地。相反的，黴菌、原生動物、藻類，則無法在沒有氧氣的地方繁殖（絕對好氧菌）。此外，也有無論有無氧氣皆能繁殖的菌種（兼性厭氧菌），且大多數的微生物都屬於這一類。

　　土壤微生物的作用，目前尚處於僅解開極少數奧秘的階段。土壤中仍有許多無法估量的神祕之處，但目前請先記得有多種微生物生存其間。

■土壤微生物的 95％是有機營養微生物

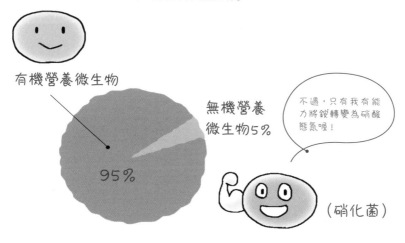

有機營養微生物

無機營養
微生物5％

95％

不過，只有我有能力將銨轉變為硝酸態氮喔！

（硝化菌）

1-6 土壤中微生物的作用

植物的根和微生物

　　植物的根部在生長過程中具有老化的死細胞，其植物細胞內含有的碳源，會成為微生物良好的食物。除此之外，醣、胺基酸、維生素等也會分泌至周圍，因此對微生物而言，根部周圍是絕佳的居住環境。

　　菜園作物方面，根部周圍的細菌量據説是稍遠位置的 26 ～ 120 倍。離根部極接近（根部周圍 1mm 左右）的空間稱為「根圈」，也是根吸收水分和養分的場所。

　　一旦當根伸長而出現死細胞、醣、胺基酸、維生素等分泌物後，土壤中的微生物便開始活動，開始固定在根上繁殖。

　　如目前所述，在植物生長的前提下，土壤中微生物的存在是不可或缺的，然而如果當中存在病原菌，則植物有可能會生病。

微生物的作用是作物生長中不可或缺的一環，但裡面也有病原菌，請多注意！

植物保護自己的方法

因此，植物具有保護自己不受病原菌侵擾的能力。例如以下的方法：（1）根部堅硬的表皮以預防侵入。（2）釋出抑制物質，抑止病原菌的分泌物的酵素作用，以免根部表皮被溶解。（3）具有殺死侵入之病原菌的抗生物質。（4）利用凝集素(Lectins) 凝聚侵入菌後固定之，再製造出新的抗生物質。

■植物的防禦機構

我可是很
強壯的喔！

根部堅硬的表面，可預防病原
菌或害蟲侵入

竟然沒效…

釋出抑制物質，抑止病原菌的分
泌物的酵素作用，以免根部表皮
被溶解

具有殺死侵入之病原菌的抗生物質

凝集素

利用凝集素凝聚固定侵入菌。然後
製造新的抗生物質，與細菌一戰。

微生物的共存與拮抗

　　土壤中的微生物和其他微生物或共處或拮抗，彼此複雜地互相牽連，維持一定的生存平衡。適當地土壤培育，能培養出多樣的微生物，使其順利分解帶有複雜結構的有機物。

　　土壤中微生物之間的關係，主要有以下幾種。

小動物的糞便也成為
微生物的食物

互食對方

細菌與變形蟲
（阿米巴原蟲）

噬菌體與蛭弧菌

食物鏈關係

其他微生物將某微生物分解的物質作為食物食用。如同31頁所述，首先由真菌類（黴菌）大略分解有機物，再由細菌將其作為食物，最後轉變成二氧化碳、氮、硝酸鹽、磷等無機物。

共生關係

互相補足對方不足的物質。例如，當好氧菌活動旺盛時，周圍的氧氣將會不足，如此一來厭氧菌便得以生存。

拮抗關係

彼此具有利害關係的微生物之間，會維持一定的平衡狀態。例如，在食物不足的土壤中，會產生爭奪食物或互食對方的情形，但即使如此雙方的平衡仍不會崩解並且能達到均衡。

連作引起的土壤傳染病

土壤傳染性病害是由幾個因素相互交織所引起的，然而，在同一菜園進行同一作物的連作，可能成為土壤傳染性病害的原因。

因某作物的根而繁殖特定的病原菌，會殘存在土壤中殘留的根上或採收後的殘餘上，然後形成胞子，在下次種植時發芽、繁殖。但是，如果栽培（輪作）不同的作物，胞子將無法發芽，期間也可能會受到其他微生物的攻擊而死去。

另外，為了補足連作伴隨的發育不良而增加施肥量，也會削弱作物對病害的抵抗力，進而助長作物發病。

隨便地給予肥料，反而對作物沒有什麼好處

■預防連作引起的病害

增加囉～

太棒了～！又是番茄耶！

上次種植時殘存土壤中的病原菌

作物輪流種植就不會繁殖喔

連作引起的病害

若每年在同個菜園位置種植相同作物，則會因土壤中殘留過多肥料成分或病原菌，引起作物發育不良或生病。

輪作帶來的優點

如果在隔年種植不同作物，會使得土壤中殘留的病原菌胞子無法發芽而死去。

土壤中的小動物

有機物的分解與翻土

蚯蚓、馬陸、木蝨、螞蟻、其他昆蟲等土壤中的小動物們，會將枯枝或落葉等弄得細碎以作為食物食用，而排泄出來的糞便則成為微生物的食物。小動物的角色不單純只是提供微生物的食物而已，蚯蚓或螞蟻會將地表的落葉搬進地中，再將地中的土壤顆粒挪到地表。蟬或金龜子的幼蟲則在地中挖掘隧道移動，以垂直水平方向使土壤顆粒和有機物移動、混合。土壤中的小動物也擔負著與微生物不同的重要角色。

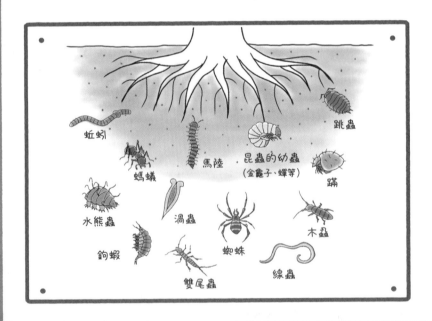

跳蟲

蚯蚓

馬陸 昆蟲的幼蟲
(金龜子、蟬等)

螞蟻 蟎

水熊蟲 渦蟲

鉤蝦 蜘蛛 木蝨

雙尾蟲 線蟲

達爾文的蚯蚓研究

以《物種起源》聞名的達爾文歷經29年進行蚯蚓研究一事眾所周知。根據達爾文的研究，若比較蚯蚓糞便和周圍土壤的化學性，可得知糞便的pH值只要略高一些，氮、碳、鈣的含量便遠高出許多。另外，蚯蚓能使土壤團粒化，改善對植物的水分和空氣的環境，蚯蚓鑽的洞還能改善水的流通。

第2章

土壤的健康檢查

土壤培育，就是要準備植物容易生長的土壤環境。然而，在旱田裡的土究竟是好土壤還是壞土壤，光從外表是無法判斷的。這時所需要的是土壤健康檢查。如第1章所述，我們能從土壤的物理性、化學性、生物性這3點整理出好土壤的條件。正確掌握土壤的狀態，是土壤培育的第一步。檢查看看庭院或家庭菜園的土壤有哪些不足或過量吧！

2-1 觀察土壤
（物理性檢測）

健康檢查，人和土壤相同

在家庭菜園種植蔬菜或花卉之前，首先，要從自家菜園土壤的健康檢查開始。調查是否為好土壤，可以比喻為人的健康檢查。

人接受醫生診察的步驟，包括問診、察看顏色或肌膚光澤、用聽診器聽聲音等。如果還要檢查得更詳細，則會抽血或拍攝 X 光片。

土壤的健康檢查也是如此。首先用肉眼察看，再將土壤拿在手中確認觸感（土壤的物理性檢測）。如果要檢查得更詳細，則會採集土壤、使用藥物等，進行數據檢測（土壤的化學性檢測）。

以下，將先從土壤的物理性檢測開始說明。

和人的健康檢查一樣，土壤的健康檢查也非常重要喔！

試著觸摸、觀察土壤

　　只要仔細觀察或用手觸摸土壤，即可掌握微生物是否有形成容易棲息的團粒構造，以及砂和黏土在土壤中含有多少量等土壤的物理性狀態。

①砂多還是黏土多

　　拿取少量的土在大拇指和食指之間，輕輕搓揉，如果是滑溜觸感即為黏質土；是粗糙觸感則為砂質土。前者是保肥力佳但排水性差的土壤；後者則是排水性佳但保肥力差的土壤。能同時感覺到滑溜感和粗糙感的土壤，則是排水性和保肥力皆良好的土壤。

同時具備滑溜感和粗糙感，也就是說，砂質土和黏質土兩者適度混合的土壤較佳

顏色偏黑又鬆軟的土壤，排水性和透氣性皆佳，受許多植物喜愛。

②有機物多還是少

　　外觀偏黑色且鬆軟的土壤是有機物較多的肥沃土壤，其透氣性和排水性皆佳，是適合作物生長的土壤。又硬又貧瘠的土壤，外觀比較不黑，會有乾巴巴的感覺。這種土壤的保肥力比較差，需要投入堆肥等以進行改善。

顏色不黑而且又乾巴巴的土壤，土質貧瘠又容易變硬，保肥力也較差。

試著挖掘土壤

在確認土壤狀態後，挖掘約 50 公分左右，即可看見土層的模樣。

平常進行耕種、作物的根所分布的土層稱為「表土層」（表層土壤），比表土層更下層的部位稱為「底土層」（下層土壤）。為了要製造出排水性和保水性皆良好的土壤，有必要先認識這兩層的作用。

表土，是柔軟的土壤層，作物在這一層伸展根，補充養分。為了促進根伸長，表土層的厚度需要有約 20 公分左右。

另外，底土層是支撐表土層的基底部分。這個部分通常比較緊實，但一旦緊實過度，則會在降雨已停止一段時間後仍有積水殘留，因此需要改良。

■挖洞調查表土和底土的硬度

用大拇指按按看〇的位置

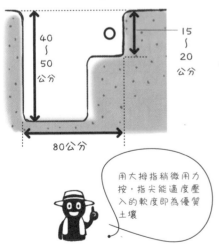

40～50公分

〇

15～20公分

80公分

用大拇指稍微用力按，指尖能適度壓入的軟度即為優質土壤

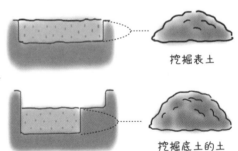

挖掘表土

挖掘底土的土

用鋤頭或鏟子挖掘土壤。雖然不同作物會略有差異，但只要表土有20公分、底土能有50公分即可。

挖出來的表土和底土要分開擺放，調查結束後再倒回原本的位置。

使用市民農園等地的情形

　　近年，在新興住宅地周邊設置了市民農園，輕鬆享受園藝之樂的人增加了。然而，在進行新的種植時，我們卻全然不知之前使用的人曾放入何種肥料，或栽種了些什麼。根據作物的種類，有可以連續栽種的作物，也有最好能避免連作的作物。

　　這種情形下，最好是從即使連續栽種也無妨的小松菜（日本油菜）、大頭菜（蕪菁）、白蘿蔔、胡蘿蔔、洋蔥、南瓜等作物開始。

　　長年作為旱田使用的土壤，有養分較多的傾向，相反的，棄置的荒地土壤則養分較少而成為酸性土壤，因此各自需要改善。

這塊土地之前是荒地嗎？栽種過什麼啊？

長年為荒地的土壤，通常養分較少，且大多為酸性土壤。

在市民農園等地，必須要考慮之前栽種的人究竟種植過什麼。

2-2 測量土壤的酸鹼值（pH 值）
（化學性檢測①）

利用酸鹼測試液等即可立即查出

接下來進行土壤化學性的檢測。首先，調查土壤的 pH 值（酸鹼值）。

如第 1 章所述，日本氣候溫暖且降雨量多，鹼性離子鈣和鎂的流入，使土壤容易酸化。如果酸性很強，植物的根會損傷而阻礙養分的吸收，引起生長不良的問題。因此，有必要在土壤培育時投入石灰資材以提高 pH 值。

然而，盲目地投入石灰資材，也可能反而對作物毫無幫助。大多數的植物偏好微酸性到弱酸性的土壤，但根據種類不同，適合的 pH 值也不一樣。為了達到種植作物所適合的 pH 值，必須要投入適量的石灰資材。因此，有必要進行土壤酸鹼 pH 值的檢測。

一般會使用市售的 pH 測試液或石蕊試紙等檢測，不過，也可以根據旱田內生長的雜草種類，推測是否為酸性土壤。

例如，在酸性土容易生長的雜草有筆頭菜、車前草、鼠曲草、具芒碎米莎草、酢漿草等。如果出現許多這種種類的雜草，便可推測該處的土壤 pH 值較低（酸性較強）。

次頁將介紹使用 pH 測試液或石蕊試紙的檢測方法。

首先，觀察看看旱田中長了哪些種類的雜草。

■各植物最合適的標準 pH 值

pH	蔬 菜		草花、花樹、果樹	
6.5～7.0 微酸性～中性	豌豆 菠菜		非洲菊 葡萄	香豌豆
6.0～6.5 微酸性	蘆筍 毛豆 花椰菜 茼蒿 甜玉米 茄子 青蔥 青椒 哈密瓜	生菜 四季豆 南瓜 小黃瓜 西瓜 番茄 韭菜 白菜 落花生	康乃馨 水仙 聖誕紅 玫瑰 奇異果 菊花 三色堇 百合	甜櫻桃 水蜜桃
5.5～6.5 弱酸性～微酸性 （廣域）	草莓 小松菜 洋蔥 胡蘿蔔	高麗菜 波士頓生菜 白蘿蔔	波斯菊 梅花 梨 蘋果	萬壽菊 柿子 柑橘
5.5～6.0 弱酸性	紅薯 大蒜 蒜苗	生薑 馬鈴薯	非洲紫羅蘭 栗樹 藍莓	報春花 鳳梨
5.0～5.5 酸性			西洋梨 杜鵑花 映山紅	茶梅 山茶花

檢測方法① 使用 pH 測試液

　　用小鏟子從欲檢測位置的表面挖取 5 ～ 10 公分深的土，放進杯子等容器內，以土 1：水 2 的比例充分混合。約 30 秒後，將上層的清澈液體裝進試管內，接著滴入試劑等待變色，和比色表的顏色比較，判讀 pH 值。

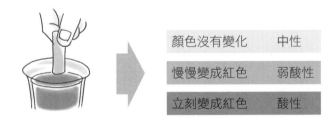

約30秒後

土1：水2

比色表

檢測方法② 使用石蕊試紙

　　採上述相同的方式挖取土壤，以相同比例倒入土壤和水充分攪拌混合，靜待內容物穩定下來，然後用藍色的石蕊試紙沾上層的清澈液體。如果立刻變成紅色即為強酸性；慢慢變成紅色為弱酸性；顏色沒有變化則是中性。

顏色沒有變化	中性
慢慢變成紅色	弱酸性
立刻變成紅色	酸性

土壤的 pH 值因肥料的種類而改變

　　土壤容易因降雨而酸性變強，但一旦降雨少了，pH 值便會上升。然而，除了降雨，pH 值也會因施加的肥料而變動。

　　氮肥有硝酸態氮與銨態氮這兩種。如果是放入銨態氮，則硝化菌會將銨轉變為硝酸，這個過程會釋放出氫離子，使土壤酸性化。此外，使用銨態氮的情形下，會因氯離子或硫酸根離子等殘留而使 pH 值下降。相反的，如果是使用硝酸態氮，則有鈣或鎂等鹼性離子殘留，且 pH 值會上升。

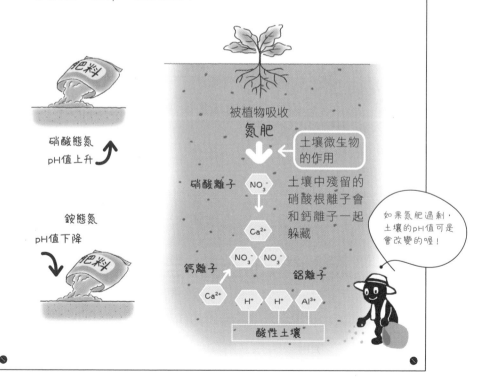

硝酸態氮
pH值上升

銨態氮
pH值下降

被植物吸收
氮肥

土壤微生物的作用

硝酸離子　NO₃⁻

土壤中殘留的硝酸根離子會和鈣離子一起躲藏

Ca²⁺

NO₃⁻　NO₃⁻

鈣離子　Ca²⁺　　　　　鋁離子

H⁺　H⁺　Al³⁺

酸性土壤

如果氮肥過剩，土壤的pH值可是會改變的喔！

2-3 調查土壤養分的 EC 值
（化學性檢測②）

可在家裡進行的簡單養分調查法

在土壤化學性的檢測中，除了 pH 值是否合適外，也會調查養分是否均衡。要正確檢測時，必須由 JA（Japan Agricultural Cooperatives，日本農業協同組合，簡稱農協）等專門分析機構執行，至於家庭園藝，不妨使用市售的土壤診斷試劑盒等進行檢測。這裡推薦的是農大式簡易土壤診斷試劑盒「綠精靈」（みどりくん）。民眾可向製造商購買或種苗公司函購等方式取得。可分析的項目除了 pH 值以外，還有氮（硝酸態氮）、磷、鉀所需最低的限度養分。只要 5 分鐘就能檢測完成。「綠精靈」雖然無法測量出代表土壤中養分濃度的鹽含量，但卻可以透過測量值，大略推算出 EC（Electrical Conductivity，導電度）的值。

使用「綠精靈」檢測出氮的測量值如果是 5 ～ 10，則 EC 值是比較適合的。另外，如果磷在 8 ～ 15、鉀在 4 ～ 8 的範圍內，則代表土壤的養分均衡狀態良好。

另外，如果要測量出準確的 EC 值，可以使用一種名為 EC 計的市售器具。適合花卉或蔬菜生長的 EC 值為 0.2 ～ 0.5 dS/m。

「綠精靈」的使用方法

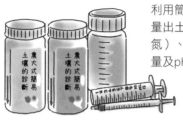

利用簡單的操作，即可測量出土壤中的氮（硝酸態氮）、磷、鉀的各成分含量及pH值。

挖溝，在深5～10公分處插入土壤採樣器

↓

取出5 mL的土壤

↓

將採樣的土壤裝進塑膠容器裡面

將試紙浸在懸濁液內3秒鐘後取出，1分鐘內會有反應

←

倒入市售的純水至50mL標線處，再激烈搖晃1分鐘

←

↓

將試紙塑膠側面的顏色和容器表面的比色表比較，讀取數值。上方為pH值，下方為硝酸態氮值。讀出pH值的測量值為6.5～7.0，硝酸態氮的測量值為5時，表示每*10a（10公畝）含有5 kg（至深度15公分止）

將測量值換算成每 1m² 時

由於 *10公畝 為 1000 m²、5kg＝5000g，因此5000÷1000＝5，從基肥的每1m²中取出5g分量施肥。另外，磷和鉀也可利用同樣的方法測量

*編註：10公畝(a)=0.1公頃≒1分地

■精巧型 EC 計

市售的簡易型EC計雖然價格不便宜，但只要購買了，任何時間都能輕鬆測量，相當方便。也有能同時測量pH值的類型。

只要檢測了pH值和EC值（鹽含量）就能安心了！

2-4 是否為有生命的土壤？
（生物性檢測）

觀察土壤中微生物或小動物的活動

　　雖然我們無法用肉眼看見生活在土壤中的無數微生物的作用，但要是沒有這些微生物發揮作用，植物便無法生長。微生物將殘存的植物或動物糞便等土壤中的有機化合物分解成無機營養素，轉變為植物容易吸收的形式。另外，蚯蚓等土壤小動物會翻動土壤，改善排水與空氣的流通。

　　當土壤中有許多小動物及微生物居住，而且活躍地進行著活動時，這種狀態的土壤即可稱為好的土壤。基本上，只要土壤團粒化、保水性、排水性、透氣性良好，pH 值與養分也均衡，即表示土壤生物性良好。

　　如果想具體地知道土壤生物活動的程度，可使用紙張或觀察蚯蚓的數量，即可輕鬆確認。

如果埋在土壤裡的紙張變得殘破不堪，就是微生物不斷活動的證據喔！

察看土壤生物性的方法

用白紙診斷微生物的生命力

　　將白紙埋進土壤中，澆入適當的水以防止土壤乾燥，相隔 2～3 週後挖掘出來，只要紙上出現紅色黴菌，即代表絲狀菌等微生物活動頻繁。不久後隨著微生物持續分解，紙張會殘破不堪。

觀察蚯蚓的數量與種類

　　蚯蚓有翻動土壤的作用，且其糞便中含有氮、磷等養分。翻動土壤時如果發現裡面有很多蚯蚓，就代表是好的土壤。不過，紅蚯蚓（身體長 5～10 公分且有線狀條紋）多的土壤可能會有較多未成熟的有機物。

土壤生物性的改善方法

微生物較少的情形

　　診斷用的紙張若沒有變得殘破不堪，即微生物的活動較弱，可藉由每年每 1 m^2 給予 2～3 kg 品質良好的堆肥，增加微生物的數量。另外，放入米糠等有機物也會很有幫助。

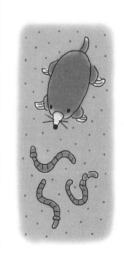

紅蚯蚓較多的情形

　　放入過量堆肥、紅蚯蚓過多時，會有鼴鼠出現，對作物帶來傷害。這時，最好能停止給予堆肥或有機物 1～2 年。

土壤的健康檢查　

本章將從土壤的物理性、化學性、生物性等觀點進行土壤的健康檢查。在此，需要先充分理解、掌握 4 條件。

為了培育作物適合的「好土」
必須充分掌握的4條件

1	透氣性	鬆軟的土壤對根的伸展相當重要。而且，能讓根呼吸的團粒化土壤，透氣性較佳。
2	團粒構造土	排水性和保水性良好的土壤。
3	合適的pH值 養分的均衡	土壤的 pH 值適當，具備植物所需的養分和均衡營養。
4	生物	有各式各樣的土壤微生物或小動物居住其中。

從以上重點檢查自己菜園的土壤，
挑戰看看培育優質土壤吧！

第 3 章

土壤培育與栽培的基礎

培育旱田土壤的大略流程是，以土壤的健康診斷結果為基礎，施放堆肥或石灰資材使其pH值適宜。然後，將作物生長時所需的養分當成基肥混入土中。最好分別間隔一星期進行作業，請從播種或植苗的2～3星期前開始吧！

3-1 土壤培育的步驟

翻土的目的

　　首先得最早進行的是除草。先清除大石頭、空鐵罐、玻璃碎片等，再除掉雜草，如果周圍樹木的樹枝伸展形成樹蔭阻擋了陽光，也要將那些樹枝清除掉以改善日照。

　　翻土的目的如下：

①讓土壤由淺至深皆鬆軟，可使氧氣進入。

②事先弄碎土壤塊，就能在之後施加堆肥或肥料時，更容易與土壤顆粒融合。

③讓深處的表土層土質變鬆軟，使作物的根容易生長。

④改善排水。

　　翻土時需避開下雨等土壤潮溼的情況，在適度乾燥時將土壤塊弄碎、翻動。於晚秋至冬季時深層翻土，再將土壤堆積起來，暴露在嚴寒與風雨中，即可改善土壤乾燥的問題，也能解決雜草的問題。

投入資材的順序

接下來是施放堆肥或石灰等土壤改良材料、肥料，這些資材要分別施加才較不會出現問題。

如果同時給予石灰資材或溶磷以及含氮成分的堆肥或含銨成分的氮肥，肥料將會互相作用、反應，反而形成氨氣流失。

因此，依堆肥→石灰資材→（溶磷）→肥料的順序，各相隔約1星期再給予，不但比較安全也更容易溶於土壤。土壤培育最好是在種植作物的2～3星期前開始。

土壤培育從除雜草、清垃圾、剪樹枝開始

翻土時邊堆肥邊清掉大型土塊

石灰資材和堆肥分別給予，並立刻耕地

土壤犁平準備施肥

如果沒有確實將土壤犁平，可能會容易積水而無法成為良好的田壟喔！

3-2 放入堆肥

堆肥的功能與用法

好土壤不能缺少的必要條件是團粒構造。如同在第1章所述,微生物分解有機物時會出現重要的「有機黏著物」,幫助團粒的形成。

在自然的狀態下,落葉或枯草等堆積,再經由微生物分解,有機物自然會被土壤還原。然而,有人為加入的旱田卻有所不同。例如,採收蔬菜時,會將有機物一併帶離,因此有必要另外投入堆肥等有機物。堆肥是利用微生物使有機物發酵的改良資材,是土壤培育時不可或缺的。

堆肥能在園藝店等處輕易取得。其種類多樣,包括有以家畜糞便為主要原料的牛糞堆肥或雞糞堆肥、以樹皮為主要原料的樹皮堆肥、還有落葉堆肥中的一種腐植土,以及利用家庭產生之廚餘(食品廢棄物)的廚餘堆肥等。

雖然上述全部統稱為堆肥,但依原料不同,使用方法也不同。其中,使用樹皮堆肥或腐植土等來自植物的堆肥,其養分較少,但它們讓土壤蓬鬆的能力卻極為超群。另一方面,使用來自動物原料的牛糞堆肥或雞糞堆肥,會有將氮、磷、鉀等其他肥料成分補充到土壤的效果。

在使用量上，每 1m² 的旱田或庭院，一般需要來自植物的蓬鬆堆肥 2 ～ 5kg；來自動物、肥料成分較多的堆肥 0.5 ～ 1kg。

想要更認識堆肥的讀者，請閱讀《【超圖解】堆肥・綠肥的基礎知識＆實用製作法》

■蓬鬆的堆肥與肥料成分多的堆肥

蓬鬆的堆肥
（腐植土、樹皮）

使用落葉、稻草、稻穀殼、樹皮等為原料，氮成分少但纖維豐富，土壤培育的效果出眾。但只用這種堆肥容易有氮不足的現象，因此需要補充肥料。

肥料成分多的堆肥
（家畜糞便、廚餘）

使用牛糞、雞糞、廚餘（食品廢棄物）等為原料，則氮含量多。因養分豐富，需要控制施加肥料量。

3-3 放入石灰資材

石灰資材的功能

石灰資材有以下幾種功能。

能補充鈣和鎂

石灰資材的功能之一，是補充土壤因酸性化而流失的鈣和鎂。

鈣，具有使植物堅韌、促進根部發展的作用；鎂，具有幫助磷吸收、使植物體內酵素活性化的作用。補充鈣和鎂，能使作物順利生長。

能防止鋁的侵害

在酸性土壤中，土壤裡面的鋁容易被溶解出來，如果釋出過多的鋁，將會阻礙根部生長，或者和磷結合，剝奪了作物應吸收的磷分量。

藉由投入石灰資材，可以防止鋁帶來的損害。

為將 pH 值提升 1.0 所需的石灰標準量

（每 1 m² 的施肥量）

- ●苦土石灰……200 g
- ●碳酸鈣………200 g
- ●氫氧化鈣……160 g
- ●有機石灰……250 g

※如果是黏土質土壤，則土壤粒子小，且粒子周圍有許多石灰附著，因此需要上述 1.5 倍的量。相反的，如果是砂質土壤，則只需要給予上述一半的量即可。

※有機石灰（牡蠣殼等）的效果溫和，因此不適用於矯正 pH5.0 以下的強酸性土壤。

變得容易吸收肥料

　　根會自行分泌有機酸，以溶解部分礦物再加以吸收，但土壤一旦成為酸性，這種有機酸的作用就會變差，進而難以吸收肥料。另外，一旦成為酸性土壤，能發揮作用的微生物也會難以棲息。調節根部周圍的環境，也是石灰資材的功能之一。

■石灰資材的種類與特性

石灰資材大多是由石灰岩製成。且依製法不同，效果顯現的速度與效力亦有差異，大略可分為以下幾種。

由白雲石製成的	**苦土石灰** 調整pH值的同時亦能補充鎂，是這種石灰資材的一大特徵。由於生效的速度徐緩，因此在施用之後，即使立刻種植作物也不會損傷根部，但為了提升調整pH值的效果，最好能在種植約10日之前施用較佳。 ※白雲石，是指含有鈣（石灰）和鎂（苦土）的天然礦物。
由石灰岩製成的	**碳酸鈣（碳化鈣）** 搗碎石灰岩做成的粉末狀物質。會溶解於酸性土壤或者根部分泌的有機酸內，緩慢地逐漸發揮作用。由於投入至正式生效需要一段時間，因此播種或種植最好是在施用石灰後經過約10日再進行。 **氫氧化鈣（熟石灰）** 在生石灰上澆水便會發熱，在這個過程中形成的即為熟石灰。由於已經和水產生反應，因此淋到水也不會再發熱。鹼性強，且發揮效力的速度快（速效性肥料），因此和生石灰一樣，請在施用石灰後經過約2星期再播種或植苗。
由有機物製成的	**牡蠣殼** 此種石灰有兩種。分別為去除牡蠣殼鹽分後晾乾再搗碎的物質，以及以高溫燒製的物質。 **貝化石** 海中貝殼等因地殼變動的影響而化石化，堆積在地中形成貝化石，再將貝化石搗碎而成的物質。

苦土石灰可以補充隨雨水流失的鎂喔！

添加石灰資材的方法

　　植物大多偏好微酸性到弱酸性的土壤，其中也有特別喜愛酸性的，或者是在酸性環境依然能充分生長的植物。並非所有作物都要給予石灰資材，必須根據栽種的作物種類或土壤的 pH 值。請確實執行土壤的健康檢查，再判斷是否需要調整 pH 值。

①首先，投入石灰資材的標準時間為播種或植苗的 2 個星期前。這是因為如果投入的是強鹼性的生石灰或熟石灰，立刻種植作物將會損傷作物的根部；如果投入的是碳酸鈣或苦土石灰，則是因為從投入至正式發揮效力需要一段時間。

②依植物的種類不同，偏好的土壤 pH 值亦有所差異，必須配合栽種的作物調整 pH 值。同時，投入的石灰標準分量請參照右表。附帶一提，以苦土石灰的情形為例，為提升 1.0 的 pH 值，所需的石灰標準量為每 1m² 約 200 g 左右。

③投入石灰資材後，請和土壤充分混合。石灰一旦凝固，將可能會對植物的根帶來損害。

注意勿過度添加

　　盲目地投入石灰，將會引起土壤的鹼化。土壤一旦鹼化，會比抑制酸化更難控制，因此請使用適當的量即可。

　　混合後請務必確認 pH 值。僅在未達到事前決定的目標值（依植物不同，最佳 pH 值亦有所差異，請事先確認正確的適合值）時再次施加石灰。

■主要石灰資材的鹼性含量與一次投入的標準量

種類	鹼性含量（%.）	投入量的標準值（g／m^2）
苦土石灰	53 以上	200 ～ 300
碳酸鈣（碳化鈣）	53 以上	200 ～ 300
氫氧化鈣（熟石灰）	60 以上	150 ～ 220
貝化石	40 ～ 45	240 ～ 360
牡蠣殼	40	240 ～ 360

石灰資材如果接觸到空氣或水分，便會像水泥一樣變硬，因此投入到旱田之後必須立刻耕種喔！

3-4 改善鹼性土壤的方法

比改善酸性土壤還要困難

鹼性過量的生長阻礙

鹼性的土壤中,由於微量元素的鐵、錳、鋅、銅等的 pH 值較高,其溶解度會變小,結果將引發各種缺乏症狀。

降雨量多的日本,土壤通常是酸性,但如果施用過量的石灰質肥料,土壤將會轉為鹼性,比改善酸性土壤更加費時耗力。土壤一旦鹼性化,在微量元素當中,鐵、錳、鋅、銅等的溶解度會變小,將會引發各式各樣的缺乏症狀。

鹼性土壤要矯正成微酸性不是一件容易的事,但以下方法頗有效果。

■改善鹼性土壤的方法

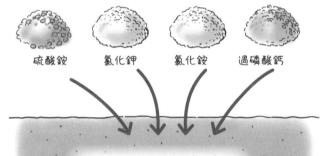

硫酸銨　　氯化鉀　　氯化銨　　過磷酸鈣

只要投入了其中一種酸性肥料,便會有硫酸或鹽酸等酸性物質殘留在土壤中,使鹼性的礦物質被中和

容易累積養分的拱型溫室及隧道式棚架

首先，在日本，一般旱田沒有所謂鹼性土壤的問題。然而，在給予過量石灰資材的情形下；或是利用隧道式溫室棚架栽培，造成石灰含量未隨著雨水流失的情形下，卻有可能會形成鹼性土壤。

過度鹼性的土壤，會因為缺乏微量元素而阻礙作物生長，必須格外留意。

另外，在隧道式溫室棚架內栽培時，也不太會流失其他的養分，養分往往會全部殘留下來。也經常有因密集栽種而不知不覺間投入大量肥料的傾向。

過去曾是隧道式溫室棚架的旱田，即使現在是以露天的狀態進行栽種，該地點養分過度累積的可能性依然很高，這一點也必須特別注意。

■石灰含量不易流失的隧道式溫室棚架

在隧道式溫室棚架栽種時，由於雨水不會直接淋在土壤上，因此石灰含量不易流失，土壤可能會鹼性化。

雨水

雨水

石灰
沒有流失

3-5 投入肥料

利用肥料進行養分的最後調整

　　放入堆肥讓土壤蓬鬆，再調整土壤的 pH 值，土壤培育的步驟就完成了。然而，在播種或植苗之前，為了補充作物初期生長時所需的養分，必須先投入肥料（基肥）。

　　雖然堆肥或石灰資材內也都含有養分，但還是事前投入肥料最能夠均衡土壤中的養分。尤其是放進土壤中便幾乎不會移動的磷，最好能在這時候就放入必要的量。

　　此外，在購買苗株的情形下，由於生產者是以肥沃的土壤育苗，如果連同附著在根部的土壤一起種植，在某種程度下雖然能維持原本的肥料效果，但僅只如此是不足夠的。最好能在種植前投入適當的肥料。

　　培育蔬菜的情形下，必須在投入基肥的同時整頓好田壟。如此一來，不僅能改善排水，又能因表土（表層土壤）層寬敞而使根部的生長順暢。具體方法請參照第 6 章（128 頁）的詳細說明。

田壟的高度

在地下水較低的旱田，不需要特別墊高田壟，最多有約 10 公分就足夠了。而地下水較高的旱田則因排水不佳，需要將田壟墊高至 30 公分以上，做出寬敞、能讓根部伸展的表土層。

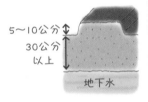

地下水愈低，愈不需要特別墊高田壟

地下水愈高，若為低田壟則愈容易受潮溼影響而有損害，必須事先墊高田壟

敷蓋栽培法的效果

敷蓋栽培法（Mulching），是指利用乙烯基（塑料）、聚乙烯、稻草等敷蓋地表的栽培方法。通常，是在結束了一系列的培育後再披覆其上，為播種或植苗作準備。

在土壤的表面上，由於乾溼的差異大，容易使土壤培育時好不容易形成的團粒遭受破壞，致使團粒單粒化。如此一來，排水性和透氣性將會變差。因此，可在犁好田壟後先進行敷蓋栽培法以作為因應對策，如此，不僅可以防止土壤乾燥，也能防止團粒因雨水拍打而被破壞。

除此之外，敷蓋栽培法還有許多效果，包括能使土壤溫度上升、防止產生雜草或病害蟲、防止灌水導致的土壤侵蝕、防止肥料流失或水分蒸發等，尤其在作物的苗株仍為幼苗時，更是個非常有效的栽培方法。

敷蓋物的種類

鋪上敷蓋物的情形下，低溫期使用地溫上升效果佳的透明、綠色、黑色的敷蓋物為佳；高溫期使用稻草或割草等乾草、銀色敷蓋物、黑白雙層敷蓋物為佳。

3-6 旱田的清潔修整

預防連作損傷

　　種植作物後的土壤，在收成時若有殘餘作物留下來，將會提高產生雜草種子或害蟲卵等土壤病害的危險性。另外，土壤中的肥料成分也不均衡，直接耕種會引起生長不良的現象，也會成為連作阻礙的原因，因此以下將介紹清潔旱田土壤的方法。

　　清潔的具體重點有 2 點，包括①清除過度累積的養分，以及②徹底消毒，以消滅雜草的種子和害蟲的卵等。

磷即使被雨淋也不太會從所處位置流失

磷積存的旱田會引起十字花科蔬菜根腫病、枯萎病，或馬鈴薯瘡痂病等疾病喔！

讓作物吸收過多養分

多年來用於培育蔬菜等作物的土壤，常有肥料過量的傾向。尤其是磷，只要進入土壤中，即使淋雨也不容易流失，幾乎不會從原處移動。因此，頻繁添加堆肥或肥料，反而容易形成養分過剩的不健康土壤。

為了將養分過剩的旱田重新恢復健康，可以藉由種植吸肥力強大的蔬菜，讓蔬菜吸收養分，利用這個方法改善土壤的健康狀態。下圖即為此方法的一例。

❶ 採收玉米　❷ 播下空心菜的種子。　❸ 空心菜變硬後拔出，切細碎再搗進土壤中。　❹ 2星期後再定植花椰菜或青花菜，並以2星期為土壤的休息標準。

※任何蔬菜吸收肥料的能力都非常強，因此能夠清除旱田中過量肥料。任何蔬菜也都是以無肥料的方式栽種，如果花椰菜或青花菜的生長不佳，也只須在培土的時候投入氮肥。

利用太陽熱進行土壤消毒

土壤已經出現病害時，不妨在盛夏的晴天徹底翻動土壤後淋上充足的水，再蓋上透明的敷蓋物靜置約1個月，進行天然的「太陽熱消毒」。不使用農藥或熱水消毒裝置即可輕鬆進行。

下一頁有介紹詳細的作業內容，請當作參考喔！

 散布米糠

需要一定程度的太陽熱消毒！

- 米糠的量以每1a需20kg為標準。

- 旱田乾了後，可在下過雨後或灑水之後再散布米糠。

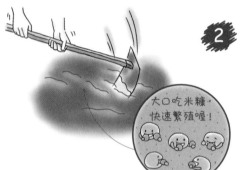 **充分耕犁，將米糠混入旱田內**

大口吃米糠，快速繁殖喔！

- 以米糠作為食物，使微生物繁殖。

- 附著在前作物殘餘上的病原菌會因食物逐漸消失而減少。

 **整頓好田壟且鋪上敷蓋物**

- 整頓出符合種植作物高度和寬度的田壟，再鋪上敷蓋物。

- 絕大多數的病害蟲只要處於地溫40～50℃以上的環境數日便會死亡，因此敷蓋物要使用地表溫度上升效果高的透明類型。

重要！

敷蓋物鋪設時要和地表緊密貼合

·為了升高地溫，敷蓋物鋪設時要和土壤表面緊密貼合。

·用腳踩住敷蓋物的邊緣的同時，也用土壤蓋住邊緣，藉以固定敷蓋物。

貼合

4 ### 消毒後的狀態可直接種植

·放置20～30天。

·愈接近地表，消毒效果愈好，耕犁後效果反而會減弱，因此使用敷蓋物的話可以直接種植。

·不使用敷蓋物的情形下，可在拿掉敷蓋物後，不經過耕犁即直接種植。

 冬 的情形⋯⋯

■寒曝

冬季嚴寒時挖掘土壤後放置，讓土壤暴露在冷風之下，以清除病原菌和害蟲。

土壤消毒的小訣竅

消毒後，不要立刻施與堆肥

　　高麗菜或白菜等十字花科蔬菜的根腫病、多數作物容易感染發作的冠腐病、苗枯病等土壤傳染性的病害，都可利用太陽熱消毒等方法達到改善效果，此消毒法也具有清除土壤中雜草種子或消滅害蟲卵及幼蟲的作用。

　　然而，即使以熱水或藥劑進行土壤消毒，仍可能有部分病原菌殘留。因此，在太陽熱消毒結束後，如果立刻放入堆肥或有機肥料，反而會成為食物而使病原菌繁殖，讓好不容易完成的消毒效果降低。因此，堆肥或有機肥料不妨在土壤消毒前先放進土壤內。此外，不會成為病原菌食物的化學肥料，即使在消毒後立刻使用，也不會造成問題。

太陽熱消毒後能立刻使用的肥料

NG 堆肥 有機肥料　　OK 化學肥料

病原菌繁殖　　不會成為病原菌的食物

在太陽熱消毒前施用米糠會很有幫助

　　米糠是有機物當中比較容易成為微生物食物的物質，能夠促進微生物繁殖。因此，太陽熱消毒之前先加入米糠，便可以利用太陽熱一口氣殲滅繁殖的病原菌。

　　不過，米糠是含有大量氮和磷的有機肥料。因此，在播種或種植下一種作物時，如果沒有考慮到曾經散布米糠便直接施肥，將會養分過剩，必須特別注意。

第 4 章

培育花盆、花槽中的土壤

在庭前或陽台的小空間使用花盆或花槽等容器種植蔬菜或花卉，因為容器能夠輕易移動，故常被當作簡便的家庭園藝容器而廣受喜愛。好土壤的條件基本上與旱田的情形相同，不過，以容器栽培的情形下，透氣性與排水性的良好程度則格外重要。

4-1 容器栽培的特徵

容器內栽培，根的伸展空間狹窄

所謂容器栽培，是利用花槽或花盆等可移動的容器進行栽培。因此，在旱田與在容器的栽培，根的生長環境上有很大的差異。在容器栽培上，根的伸展空間受限，因此肥料量、水分、氧氣等往往容易不足。

根吸收養分和水，再供應給莖和葉。根的活動能量，是利用呼吸將葉供應的碳水化合物氧化後取用，因此氧氣是不可或缺的。容器栽培的情形下，根彼此會搶奪氧氣，非常容易缺乏氧氣，而且根會往容器中氧氣略多的底部或周圍伸展，因而比較容易老化、衰弱。一旦根部衰弱，便會從植物的下葉開始枯萎。

用土必須重視排水

在容器栽培時，培養土較少，花槽內的溫度容易上升，因此需要灌水。然而，容器栽培失敗較多的原因，是因水分不足導致根部乾枯，以及相反的水分過量造成的根腐病。

為了減少灌水的次數，只要多添加保水性佳的黏土質土壤即可，但黏土質的土壤顆粒之間空隙較

顆粒小

顆粒小的土壤保水性佳，卻容易缺氧而使根部腐爛。

顆粒大

土壤顆粒的空隙大，水和肥料成分會容易流失，但新鮮空氣能順利進入，幫助根部生長。

少，容易陷入氧氣不足的狀態。而且，如果土壤中總是處於水分豐沛的狀態，根將無法伸展。

水分排出且土壤中的氧氣變多後，根將會伸展，且吸收肥料的細根和根毛也會發展。因此，祕訣在於必須確實做出乾溼差異，當表土變白變乾燥後，便給予充足的水分，同時，用土必須要重視排水能力。

需頻繁地補充肥料

然而，灌水次數多，肥料就容易流失，因此需要頻繁地補充肥料（稱為「追肥」）。即使一次給予很多肥料，能維持下來的肥料含量仍然有限，甚至還可能因肥料過量而損害根的功能，使之萎靡或枯萎。因此可使用稀釋的液態肥料作為追肥，或者以功效緩慢的緩效性肥料作為置肥添加使用。

另外，像觀葉植物這種長年植物，每年修剪老化的根，更換新的培養土，新的根便能繼續伸展。因此需要在舊土上下點功夫，進行根的管理。

在花盆或花槽栽培時必須要頻繁地補充肥料喔！

利用緩效性肥料置肥

4-2 主要用土的種類和特性

混合數種用土是基本的

　　在容量受限的容器栽培上，需要能充分提供氧氣的培養土，此外，排水性良好，又同時兼具保水性和保肥力的培養土更為理想。因此，可混合多種類的培養土製造適合的培養土。

　　另外，病原菌會散佈在狹窄的容器內，因此嚴禁使用未熟堆肥或有機肥料。請務必使用已確實腐熟的蓬鬆肥料。

■主要用土的性質

培養土要多種類混合是基本的喔！

精神奕奕！

保水性、保肥力良好的培養土	排水性良好的培養土
紅土、旱土、黑土、黏土	赤玉土、鹿沼土、輕石、砂礫
↓	↓
粉狀、重量重	粒狀、空隙多

 保肥力UP　保水性UP　 排水性UP

作為基底的基本用土

用來作為容器栽培基底使用的土，包括有紅土、黑土、旱土、赤玉土（紅玉土）、田土、再生土等。這些土都是價格低廉、能大量取得的，而且也是保水性、保肥力良好的土。

在這些土壤中，以6：4的比例加入腐植土、泥炭蘚、完熟堆肥等為基本。這些植物性用土能夠改善排水性與透氣性，微生物也會增加，甚至還具備保水性與保肥力。

不過，植物用土的功能會隨著時間逐漸減弱，但只要在約1年後進行土壤消毒（參照88～90頁），加入新的腐植土或赤玉土等，即可再次使用。

補足基本用土的調節用土

在容器內的用土中，加入5～10％左右的沸石、蛭石或碳化稻殼（燻碳）、椰殼活性碳等調節用土，即可改善透氣性或保水性，具有吸附銨等防止根部腐爛的效果。

用土的種類整理在下一頁喔！

■主要的調節用土

蛭石

珍珠石

椰殼活性碳

沸石

碳化稻殼（燻碳）

用土名稱	透氣性	保肥力	保水性	特 性
赤土	△	◎	◎	不含有機物的黏質火山灰土，呈弱酸性。需要施與多量的磷成分。
赤玉土（紅玉土）	◎	◎	○	將紅土依大、中、小、細等粒徑，過篩區分後的產物。保肥力良好。
鹿沼土	◎	◎	◎	從栃木縣鹿沼市周邊的關東土壤層下方開採而來的土壤。酸性強，但透氣性佳。
黑土	△	◎	◎	富含有機物，輕盈又柔軟的火山灰土。也稱作「暗色火山灰土」。保肥力良好。
田土	△	◎	◎	日語讀音為「たつち（TATSUCHI）」。是水田的下層土或是河道堤防區域的沖積土，保肥力優異。
日向土	◎	◎	○	亦稱日向石。為黃褐色的輕石，透氣性佳，適合蘭花類、山野草、盆栽等。
河砂	◎	△	△	依產地區分，有矢作河砂、富士河砂、天神河砂等。也適用於改良透氣性。
桐生砂	◎	△	○	紅褐色的火山砂礫，富含鐵分。也用於盆栽、山野草等。
富士砂	◎	△	△	適用於栽培山野草、假山庭院。經常被當作是提升透氣性的改良材料。
山砂（天然石英砂）	△	◎	◎	從各地山脈採集的砂，作為草坪的過篩土而為人熟知。
輕石（浮石）	◎	△	△	為多孔質且透氣性極佳，因而經常鋪設在容器底部，作為盆底石使用。
水苔	◎	○	◎	泥炭蘚乾燥後的物質，透氣性與保水性皆良好。

◎：好　　○：普通　　△：不太好

■主要改良用土的特性

	用土名稱	透氣性	保肥力	保水性	特 性
植物用土	堆肥	◎	◎	○	稻草、落葉、牛糞等有機物腐敗、發酵後的物質。
	腐植土	◎	◎	○	闊葉樹的落葉堆積、發酵後的物質。市售的品質不一，需注意。
	泥炭蘚	◎	○	◎	溼地的水苔堆積腐熟後的物質，可代替腐植土使用。由於是酸性，使用酸度調整完成的產品較佳。
調節用土	蛭石	◎	◎	○	將蛭石以約1000℃燒成，再經加工的物質。避免和黑土或田土等重土一起使用。
	珍珠石	◎	△	△	搗碎珍珠岩，以約1000℃加工完成的物質。透氣性、排水性皆出色。
	燻碳	◎	○	○	將稻殼蒸烤碳化的物質。能幫助改善透氣性，常混入黑土或田土等基本用土中使用。
	椰殼活性碳	◎	○	○	將椰殼蒸烤碳化的物質。可吸附有害物質，透氣性亦良好，用法和燻碳相同。
	矽酸鹽白土	◎	◎	○	加熱特殊的黏土，去除不純物質後精煉而成的物質。保肥力高，也有防止根部腐爛的效果。
	沸石 (zeolite)	○	◎	○	一種天然礦物，保肥力高。也會鋪設在盆底以防止根部腐爛。
	椰糠	◎	○	○	由椰子果皮製成，可代替泥炭蘚使用。輕量、好用，且透氣性良好。

◎：好　○：普通　△：不太好

栽種植物上使用的用土各有不同

一般情形下，蔬菜類吸收肥料量較多，使用具備保肥力的用土較為合適，加入牛糞堆肥來取代腐植土，也頗有效果。

多數的觀葉植物或草花等，不需要太多肥料。比起保肥力，更需要重視排水性。特別是蘭花類的作物偏好排水性良好的環境。卡特蘭等附生蘭，只需氣根吸收空氣中的溼氣即可生長，因此以透氣性佳的樹皮或輕石作為用土。

另外盆栽也不需要保肥力，可以把排水性佳的赤玉土的細粒或砂作為用土。

樹皮

搗碎樹皮製成的物質。透氣性優異，常作為蘭花類的用土。另外，若鋪設在觀葉植物的花盆上，不僅能改善排水性與透氣性，外型也很美觀。

■依栽種植物改變用土

保水性良好的土	排水性良好的土
紅土、黑土、旱土、黏土質的土	赤玉土、鹿沼土、輕石、砂礫

保水性、保肥力良好的物質 ←——————————→ 排水性良好的物質

保水性、保肥力良好的植物

蔬菜類

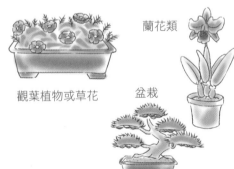

排水性良好的植物

觀葉植物或草花

排水性非常好的植物

蘭花類

盆栽

配合澆水習慣調整用土配方

　　容器栽培失敗的原因，是給予過量水分引起根腐病，以及水分不足而乾枯。雖然依栽培的植物種類會有所不同，但還不如先認清自己是屬於沒有殷勤澆水就渾身不對勁的類型，還是屬於對澆水較為散漫的類型，再思考是要多一些基本用土，或是多一些腐植土，調整用土的混合配方也是一個方法。

■依澆水習慣調整用土的混合配方

頻繁澆水派	澆水散漫派
過量給水而腐敗死亡……	水分不足而乾枯死亡……

多放一點腐植土

1 ： 1

基本用土　　腐植土

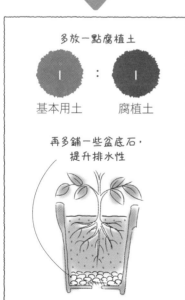

再多鋪一些盆底石，
提升排水性

多放一點基本用土

6 ： 2 ： 2

基本用土　腐植土　蛭石、
　　　　　　　　　珍珠石等

再多加一些水苔，
抑制水分蒸散

4-3 挑選花盆、花槽的方法

容器材質的特性

　　容器方面，一般來說有花盆和花槽，但需要依照容器材質，例如素燒製還是塑膠製，來改變用土的混合配方。

容器的底部很重要

　　花盆或花槽底部的排水孔，不僅是用來排水，同時也是空氣的進入口，因此要注意避免阻塞。素燒盆是以低溫燒製，密度偏低、有無數個看不見的小孔。因此，盆的壁面會有水分滲出或空氣流入，有根部不容易缺氧的優點。

　　最近，輕巧低廉又不易損壞的塑膠製花盆或花槽成為主流，但塑膠製品不具透氣性、透水性，因此排水能力非常重要。將盆底石置入到花盆底部約3分之1左右的高度，再將培養土放在盆底石的上方。在土壤表面和容器邊緣預留3～4公分的水流空間也相當重要。

思考符合容器材質的灌水處理吧！

■容器的種類與各個優缺點

塑膠製的花盆

花槽

優點 價格低廉、不易損壞
缺點 不具透氣性、透水性

高溫素燒盆　素燒盆

優點 透氣性、透水性良好
缺點 重量重、易損壞

上釉盆

木花槽

優點 透氣性、透水性良好
缺點 重量重、易損壞

肥料袋

魚貨箱

優點 能廢物回收再利用、容量大
缺點 外觀、排水性不佳

■改善排水的巧思

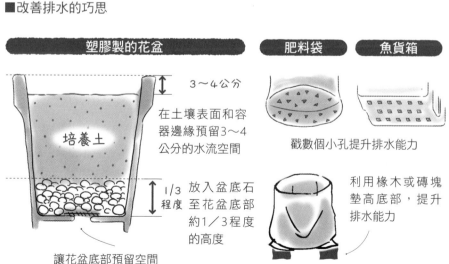

塑膠製的花盆

培養土

3～4公分

在土壤表面和容器邊緣預留3～4公分的水流空間

1/3程度

放入盆底石至花盆底部約1/3程度的高度

讓花盆底部預留空間

肥料袋　魚貨箱

戳數個小孔提升排水能力

利用橡木或磚塊墊高底部，提升排水能力

配合植物生長狀態更換花盆

移植、換盆的用土重點

移植、換盆時的用土，需使用和之前一樣的培養土。

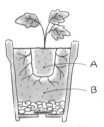

A和B使用一樣的培養土

適合換盆的時期

白色的根伸出盆底的排水孔時，就是換盆的好時機。從花盆裡整個拔出來，能看到根擴張、布滿整個空間。如果太晚換盆，根會因為老化而生長趨弱。

白色的根伸出排水孔，就是適合換盆的時候

若花盆大培養土又多，土壤的保水性和保肥力會比較好，植物能順利生長。然而，如果將小幼苗直接種植在大花盆內，花盆中心的溫度不易上升，水和空氣也難以進入，會使根往花盆的周圍生長，沒有往中心部伸展。

為了讓根往整個花盆伸展，必須從幼苗株換成中盆、中盆再換成大盆，配合植物的生長來移植、更換花盆。

■移植到符合生長狀態的花盆

立刻換成大的花盆……

根只往花盆的周圍生長，沒有往中心部伸展。

苗株　→　換成中盆　→　換成大盆

根往整個中盆伸展

根往整個花盆伸展，枝根、細根增加

植物和花盆的緊密關係

容器的大小雖然由植物的生長狀態和株高決定，但根部有支撐地上部的作用，因此，通常地上部分會變大的作物需要較大的花盆。

初次栽種番茄、茄子、小黃瓜等夏季蔬菜的人，請留意這些果菜類的生長期間長，根也伸展地又粗又深，因此肥料和水的吸收量會非常多。大約每株需要 10 ～ 20 公升的培養土。

葉菜類中會變大的白菜或高麗菜，以及白蘿蔔、馬鈴薯等根菜類也都需要土壤深度，因此需要 10 公升以上的培養土。

然而，種植在小花盆內，刻意栽培得小小的，也是盆栽的一種方法。例如，如果將栽種在地上會生長至 2 公尺以上的向日葵種植到 5 號盆內，則高度會長至 20 公分左右，且會開出小巧可愛的向日葵花。

約2公尺

約20公分

種在地上會生長至2公尺以上的向日葵，如果種植在5號盆內，則會成為高度約20公分左右的向日葵

長得很可愛呢！

4-4 挑選市售培養土的重點

便利的市售培養土

配合栽培的植物，市面上也有販售已經搭配好用土的專用培養土。購買時必須檢查以下項目。

Check! 適合的植物

確認是適用於蔬菜還是草花。如果是蔬菜用，又是適用於哪一種類的蔬菜。

Check! 是否含有肥料

檢查是否含有肥料。標示為含有肥料時，不需要加入基肥，只要於1個月後再施加追肥即可。不過，根據內含的肥料是緩效性還是速效性、是有機肥料還是化學肥料，執行的追肥方法將有所不同，也必須在此時一併確認。

Check! 是否已完成酸度調整

只要有酸度調整完成的標示，就不需要加入石灰類資材。如果沒有進行 pH 值的調整，則需要加入苦土石灰。

Check! 培養土的添加材料

排水性與保肥力會因添加材料和添加比例而有所差異，因此請務必詳細確認。另外，也需要確認樹皮堆肥等的腐熟程度。

製造商名稱及所在地
也請檢查製造商的名稱和所在地的標示。

■市售培養土的判讀方法

要正確挑選栽培的植物適用的培養土喔!

　　雖然市售培養土相當方便,但價位高的產品很多,因此在土壤適應後,不妨使用身邊能便宜取得的基本用土,試著自行調配培養土。

4-5 用土的基本配方

依基本用土的差異調整

　　日本土壤中較多暗色火山灰土類的黑土、紅土、赤玉土，因磷含量較少，需要多添加一些磷。另外，石灰含量也偏少，容易呈酸性，也請補充苦土石灰。

　　黏土質的田土雖有保肥力，但透氣性與排水性卻不太好。具有容易引發根腐病的缺點，因此可加入 40 ～ 50% 的腐植土調整。

要配合用土的
特性調整喔！

紅土、赤玉土、黑土——補充溶磷

溶磷20g／10L

● 溶磷也可以矯正酸性
● 愈是大花盆或長期作物，愈要使用大顆粒的溶磷
● 磷的吸附力強，因此也加入過磷酸鈣

田土——多放一些腐植土

腐植土40～50%　　田土50～60%

排水性、透氣性都不好，用腐植土幫忙調和

製作養分多的用土時

　　用於花盆、花槽的用土混合比例，以基本用土加入腐植土等植物用土，比例6：4，再利用調節用土微調補足即可。但欲使用有機肥料或石灰類製作養分多的用土時，提早混合讓用土適應是很重要的。特別是以油粕或骨粉等有機肥料作為基肥使用時，必須先和基本用土混合後放置約1個月，再淋上適度的水，促進有機物腐熟。以下是使用有機肥料混合用土的一例。

骨粉

將動物的骨骸粉碎、加熱後的物質，含有豐富的磷。

① 將有機肥料混入基本用土內，放置1個月讓有機物腐熟

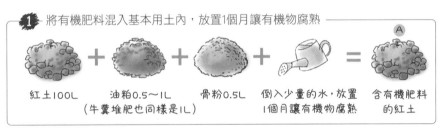

紅土100L　　　油粕0.5～1L　　　骨粉0.5L　　　倒入少量的水，放置　　　含有機肥料
　　　　　　　（牛糞堆肥也同樣是1L）　　　　　　　1個月讓有機物腐熟　　　的紅土 Ⓐ

② 使用過磷酸鈣（過磷酸石灰）取代骨粉時，先混入腐植土內備用

腐植土30～　　　過磷酸鈣100g　　　含過磷酸鈣的腐植土 Ⓑ
40L

事前混合備用，能讓磷更容易吸收

③ 使用前的一星期加入苦土石灰混合

Ⓐ 含有機肥料　　　Ⓑ 含過磷酸鈣　　　碳化稻殼（燻碳）　　　苦土石灰100～
　的紅土100L　　　　的腐植土50L　　　　適量　　　　　　　　　200g

不使用有機肥料、過磷酸鈣時，僅混合上述的用土即可

4-6 土壤的消毒

利用太陽熱消毒

在容器內種植草莓使用的舊土壤,是使病原菌繁殖、侵入、助長感染的原因,然而,丟棄處理卻又非常可惜。舊土壤在這個狀態下無法直接使用,但是,只要利用太陽熱消毒土壤,就能再次作為用土的材料使用。

■使用垃圾袋或肥料袋的太陽熱消毒法

 澆水在用土上,並攪拌混合

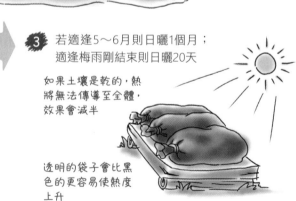

❷ 整個土壤都徹底濕溼後,便裝進垃圾袋內,束緊袋口

綁緊～

❸ 若適逢5～6月則日曬1個月;適逢梅雨剛結束則日曬20天

如果土壤是乾的,熱將無法傳導至全體,效果會減半

透明的袋子會比黑色的更容易使熱度上升

■使用花槽的太陽熱消毒法

1 清除上一次種植的殘株，放入落葉、枯草、石灰氮，充分攪拌混合

用土10L時，石灰氮為20g

雙手滿滿的落葉、枯草等

2 擋住排水口，倒入大量的水儲存

擋住排水口

3 用保鮮膜覆蓋，放置在日照良好的場所。水分減少就再追加。若適逢秋～冬則日曬1個月；夏季則是2星期

4 放掉花槽內的水，邊攪拌用土，邊倒入2～3次的水

讓多餘的肥料成分等流掉

5 將用土倒在鋪膜上晾乾，用來當作基底用的土

避免弄得太過細碎

其他的簡易消毒法

陽光消毒

盛夏時期，將濡溼的土壤整個裝進透明塑膠袋內，平放在混凝土或瀝青等地的上方，厚約10公分，讓陽光照射，袋中溫度會達60℃以上。1～2天後將袋子翻面繼續曝曬1～2天，然後就完成了。

熱水消毒

土壤放進容器內，再倒入煮沸的熱水讓整體浸在熱水中，放置至溫度下降，排掉水分晾乾後即可使用。

使用再生土

混合用土做成蓬鬆的土壤

利用太陽熱消毒過的再生土，雖病害蟲大多已經死亡，但團粒結構卻也損壞而呈現粉狀，透氣性與排水性也都變差。因此，混合用土，做成蓬鬆的土壤再重新使用吧！

用土的組合例

 再生土：5 　再生土即使原本是粒狀也會變成粉狀，團粒也容易損壞，透氣性與排水性皆不佳

 赤玉土：2 　將透氣性與排水性具佳的赤玉土作為基本用土加進去

 腐植土：3 　放入多一些有機物的腐植土，讓土壤變得蓬鬆。也可以用植物質的完熟堆肥

 燻碳少許 　放入作為改良用土以提升透氣性

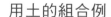

這樣就能做出出色的用土喔！

第 5 章

肥料的基礎與挑選方法

讓植物能健康生長不能缺少的是肥料。肥料依原料不同
可大略分為化學肥料與有機肥料。除此之外,也會依含
有的成分數量、形狀、效用等,分類成各式各樣的種類。
由於每一種都有各自的特徵,因此依用途區分肥料是很
重要的。在本章充分學習肥料的基本知識吧!

5-1 土與肥料的關係

為什麼需要肥料

在自然界的循環中，野生動物的糞尿或枯死的植物會再度回到土壤內，成為有機物，使土壤豐沃。人類將自然界需時多年才形成的大地改變為旱田，用來栽培作為食物的作物。被採收的作物會將土壤的養分帶離旱田，不會重新回到土壤內。也就是說，人類中斷了自然界的循環。

因此，如果不將旱田中的堆肥等有機物還原，並補充肥料讓土壤恢復豐沃，土壤將會貧瘠。而且，相較於大自然的植物，現在的作物大多被改良得更偏愛肥料，因此不僅要對旱田施與堆肥，也必須補充作物從土壤吸收的肥料成分，不然作物將不會成長。

用來培育蔬菜和花卉的肥料

土壤培育的目的，是為了建造作物容易生長的土壤環境。施與堆肥、腐植土、石灰等土壤改良材料，製造出植物容易吸收營養的蓬鬆土壤，是土壤培育的基本。而堆肥和腐植土是改善土壤狀態的主要角色。

然而，並不是只要土壤的狀態良好，作物就會

照著理想生長。無論是在蔬菜或花卉上，都必須給予它們各自需要的養分，也就是肥料，這稱為「施肥」。

作物的生長，需要氮、磷、鉀這 3 要素，以及其他各種微量元素。播種或植苗前施與的肥料稱為「基肥」；在生長中途施與的肥料稱為「追肥」。人們往往會以為堆肥和肥料是相同的，其實可以想成堆肥是用來進行土壤培育；肥料是用來培育蔬菜或花卉，如此區分會更加清楚。

■利用肥料補充作物吸收後缺乏的養分

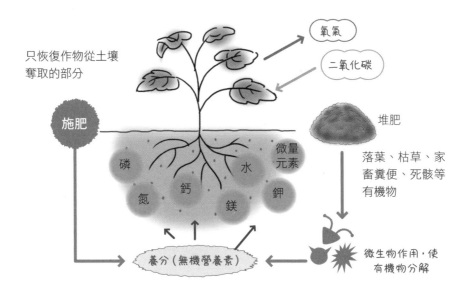

5-2 植物需要的元素種類

植物需要的 17 種元素

　　提出植物吸收的養分即為無機物的是 19 世紀中葉的德國化學家李比希（Justus Freiherr von Liebig）。利用他的無機營養論開發出的化學肥料，使之後的農業有極大改變。

　　現在，已經發現地球上有 118 種元素，然而，包括人工製造的在內，自然界當中只有約 90 種。其中，植物生長上需要的元素，目前至少是 17 種，這些元素稱為植物的必需元素或必需要素。

　　必需元素當中的氫、氧、碳存在於水和空氣中，必須透過葉或根吸收，因此通常不會當作肥料給予。而其他的 14 種，會作為養分從根部吸收來取得，然而在旱田中，這些元素不經由人類補充便會缺乏，因此必須作為肥料施加進去。依照作物所需的養分吸收量，可將這些元素區分為多量元素和微量元素。

多量元素

每 *10a 吸收超過 5kg 的元素。此類別內除了有氮、磷、鉀以外，還有鈣、鎂、硫。

微量元素

每 10a 吸收低於 100g 的元素。此類別包括有氯、鐵、錳、硼、鋅、銅、鉬、鎳。

* 編註：
10a(公畝)=0.1 公頃≒1 分地

■作物的必需元素與作用

類別		元素名稱 （元素符號）	主要作用
水和空氣		氫（H）	以水的形式參與所有生理作用。 是製造碳水化合物、脂肪、蛋白質等植物本體的主要元素。
		氧（O）	呼吸作用時不可或缺的元素。 是製造碳水化合物、脂肪、蛋白質等植物本體的主要元素。
		碳（C）	光合作用時不可或缺的元素。 是製造碳水化合物、脂肪、蛋白質等植物本體的主要元素。
多量元素	3要素	氮（N）	能促進葉和莖的生長，使植物本體變大。也稱作「葉肥」。
		磷（P）	也稱作「花肥」或「果肥」。 能改善花卉與果實的生長狀態，提高品質。
		鉀（K）	能使莖和根更強韌，提升耐酷暑與耐嚴寒的能力，以及對病蟲害的抵抗力。也稱作「根肥」。
	次要要素	鈣（Ca）	強化細胞組織，使植物的整個本體都強韌。
		鎂（Mg）	有助於磷的吸收，活化體內酵素。葉綠素的成分。為苦土。
		硫（S）	幫助根部發展。與蛋白質的合成息息相關。
微量元素		氯（Cl）	與光合作用中相關酵素有關的元素。
		硼（B）	根、新芽生長以及花卉所需要的元素。
		鐵（Fe）	光合作用需要的元素。
		錳（Mn）	光合作用與維生素合成需要的元素。
		鋅（Zn）	與植物生長速度有關的元素。
		銅（Cu）	使植物能長出花卉與果實之成熟苗株的元素。
		鉬（Mo）	進行硝酸還原之酵素的成分。
		鎳（Ni）	將尿素變為氨的酵素內含有的元素。

※必需元素內未包含的「矽」，其對禾本科植物的生長相當重要。

肥料的 3 要素

必需元素當中，作物特別需要的是氮（N）、磷（P）、鉀（K）這 3 種。它們被稱作「肥料的 3 要素」。在土壤中或肥料中，磷通常被稱為磷酐（P_2O_5），鉀通常被稱為氧化鉀（K_2O）。氮則以銨態氮（NH_4-N）與硝酸態氮（NO_3-N）這兩種狀態存在。

氮是所有作物的莖和葉於生長時不可或缺的成分，也稱作「葉肥」，是非常重要的元素。市售的組合肥料也會以氮的含量作為標準。

磷的主要作用是改善花卉與果實的生長狀態，也稱作「花肥」或「果肥」。尤其是讓番茄、茄子、小黃瓜等夏季蔬菜順利結出肥美的果實時不可或缺的元素。

鉀是所有植物的根在生長上不可或缺的成分，也稱作「根肥」。是讓作物的根生長更強韌，不會無力支撐而傾倒的必需元素。

僅次於 3 要素的必需元素是鈣、鎂、硫。它們被稱作「次要要素」或「中量要素」，與 3 要素一起被分類為多量元素。除此以外的元素則為微量元素，它們在土壤中含有一定程度，而且也能從改良土壤時所施與的堆肥等獲得，因此平常不需要作為肥料施予。

除了氮、磷、鉀這3要素以外，鈣和鎂也很重要喔！

■植物需要較多 3 要素的部位

氮

所有作物於生長時的必要成分，稱作「葉肥」，主要是促進莖葉生長。一旦缺乏，葉片顏色會變淡、生長狀態會變差。

磷

稱作「花肥」或「果肥」，主要是改善花卉與果實的生長狀態。一旦缺乏，葉片會變小，花卉與結果實的狀態會變差。

鎂

提升磷的吸收，幫助養分的運送。一旦缺乏，下葉會容易掉落。

鉀

稱作「根肥」，主要是植物根部生長不可或缺的成分。一旦缺乏，作物的抵抗力會下降，容易無力支撐植物本體而傾倒。

鈣

促進根的生長，使植物強韌。一旦缺乏，容易引起白菜或高麗菜等蔬菜的芯腐爛，或番茄的底部腐爛等。

以上的 5 種元素，也合稱為肥料的五要素喔。

5-3 當養分過剩或缺乏

補足缺乏的養分

下圖表示的是植物與土壤中必需元素的比例。右側的數值,是用「植物所需元素量」除以「土壤所需元素量」後得到的值。也就是說,只要該值是1以上,即代表植物的需要量高於土壤中的含量,

植物與土壤中必需元素的含量與比例（原表／高橋英一）

元素（要素）		植物	土壤	植物／土壤
		mg／kg		
多量元素	氮（N）	30,000	1,000	30
	磷（P）	2,300	650	3.5
	鉀（K）	14,000	14,000	1
	鈣（Ca）	18,000	13,700	1.3
	鎂（Mg）	3,200	5,000	0.6 ※
	硫（S）	3,400	700	4.9
微量元素	鐵（Fe）	140	38,000	0.004
	錳（Mn）	630	850	0.74
	銅（Cu）	14	20	0.7
	鋅（Zn）	160	50	3.2
	硼（B）	50	10	5
	鉬（Mo）	1	2	0.5
	氯（Cl）	2,000	100	20
	鎳（Ni）	1	20	0.05

※鎂很容易流失,必須以肥料補充。

必須給予肥料補足缺少的部分。此外，微量元素中也有些超過 1，但因為是少量，只要利用堆肥等方式補足即可。

缺乏養分會出現的症狀

　　無論需要量是多是少，只要必需元素缺乏或過剩，就會破壞作物的健康狀態，作物同樣也會生病。如果只觀察土壤不容易察覺這個問題，因此必須先觀察作物再進行判斷。以下介紹因各種肥料缺乏而引起主要的症狀變化。

缺乏氮	作物整體的生長狀況變差。葉子整個變黃，老的葉片掉落。
缺乏磷	葉片變成深綠色，葉柄帶紅或紫色。整體無光澤，下部葉片泛紅、枯死或掉落。
缺乏鉀	生長後期，下部葉片的周圍或頂端處轉變為黃色或褐色，進而枯死或掉落。
缺乏鈣	葉或根的頂端生長停滯，且葉的周圍枯死。番茄的底部腐爛，高麗菜、白菜、洋蔥等作物的邊緣腐爛或芯腐爛，小黃瓜、哈密瓜等作物的芯生長停滯，都是缺乏鈣所致。

容易缺乏硼的蔬菜

白蘿蔔

大頭菜

白菜

小黃瓜

南瓜

番茄

……

等

缺乏鎂	如果生長繼續，下葉的葉脈之間會有變黃的串珠狀，嚴重甚至會掉落。經常出現在白蘿蔔、番茄、茄子、大豆等作物上。
缺乏硼	莖頂端處的生長停滯，中心變黑，葉或葉柄變脆。白蘿蔔、大頭菜的中心變黑腐爛。白菜、西洋芹的芯腐爛，也都是缺乏硼的緣故。
缺乏錳	新葉的葉脈之間變黃，且沿著葉脈有綠色殘留是其特徵。此現象不會出現在老的葉片上。
缺乏鐵	新葉的葉脈之間變黃，且整個葉片會逐漸變黃。此現象不會出現在老的葉片上。

　　土壤 pH 值的變化也會引起微量元素的缺乏。例如，硼在酸性土壤中容易溶解於水，在鹼性土壤則難以溶解。在酸性環境下會經由雨水流出，在鹼性環境下則因溶解於水的量較少，容易同時產生缺乏症狀。

缺乏硼會容易出現各種損害，要注意喔！

養分過剩也會引起損害

如果土壤中植物所需的養分過量，將會引起各種損害。例如若給予過量的氮，整個葉片將會變成青綠色，且莖和葉變得軟弱，成為容易生病的體弱作物。如果鉀含量過多，則會阻礙鎂的吸收，引起鎂等相關缺乏症。

磷的需要量雖然少於鉀或氮，但它作為肥料，卻有很高的重要性。磷會連結土壤中的鋁和鐵，且因植物難以吸收，往往會不自覺地給予超出所需的量，長時間持續給予過量會積存在土壤中，引起嚴重的磷過剩症或土壤病害。

養分的均衡很重要

家庭園藝中經常不會考慮材料成本而給予過量的肥料。如同人體健康的基本是八分飽，控制肥料、給予均衡養分，將有助於栽培出良好的作物。

一般來說，蔬菜田中鈣、鎂、鉀的比例接近6：4：3時，能維持吸收養分的平衡。簡而言之，若有一方太多，便會阻礙另一方的吸收，因此施肥並非是絕對量，而必須重視比例，使營養均衡。

5-4 肥料的分類①
－依原料分類－

肥料有 3 種分類方法

當我們前往 DIY 系列的生活工具用品店等商店時，有販售各式種類的肥料，要選擇哪一種，經常令人猶豫。

目前雖有許多分類方法，但大略可分為（1）依原料分類、（2）依形狀分類、（3）依效果分類等三類。以下將具體介紹各肥料的特徵。

化學肥料與有機肥料

首先，常聽到的化學肥料與有機肥料，兩者的原料不同。前者是以空氣或礦石等天然物作為原料，再實施化學處理；後者則是來自魚渣、米糠、油粕等動植物作為原料。

化學肥料的最大特徵之一，是施肥效果能立刻展現。肥料給予後會立刻溶於土壤中的水，成為根能立即吸收的型態。

而有機肥料的施肥效果則與化肥完全不同。它加進土壤中無法立刻被根吸收。而是經由微生物分解之後，再成為根可吸收的型態。因此，肥料的功效相當緩慢，如果作物出現氮或磷不足的症狀，勿

忙給予土壤有機肥料，也無法立即見效。

　　然而，有機肥料擁有化學肥料所沒有的最大優點。化學肥料的功能僅限於供應養分，但有機肥料卻能使肥料成分穩定地發揮效用，同時還會因微生物分解有機物而形成團粒、保持土壤中生物多樣性等，具有諸多方面的優點。

　　此外，化學肥料與有機肥料的成分含量亦有所不同。基本上化學肥料內含有的肥料成分不超過作物主要肥料成分的一種或二種。相反的，有機肥料內含有的肥料成分相當多樣。除了水分以外，也含有碳、矽、鉀、石灰、氮、磷、鎂、錳等。

　　化學肥料的特質在於其單純性；有機肥料則在於其多樣性。由於它們的優勢各異，妥善地組合兩者搭配使用，可說是最實用有效的作法。

妥善地組合有機肥料與化學肥料搭配使用吧！

有機肥料生效緩慢且持久

在土壤中的微生物將有機肥料中的蛋白質從胜肽 (peptide) 經胺基酸轉化為銨離子或硝酸離子，才發揮氮肥料的效果。

因此，它具有生效緩慢且持久的特性，和堆肥一樣需要在播種或移植的 2 ～ 3 星期前施加，預留時間讓它在土壤中分解，給土壤適應。

■有機肥料

肥料的種類	性質	配方比		效果	注意點
油粕	成為有機栽培基礎的氮肥	氮 磷酐 氧化鉀	5～7% 1～2% 1～2%	緩效性	施肥至種植需要2～3星期
蒸製骨粉	溶磷等的緩效性磷酐	氮 磷酐	4% 17～24%	緩效性	需要和含有水溶性磷酐的過磷酐石灰或草木灰並用。需混合堆肥使微生物繁殖
草木灰	速效性的鉀、磷酐、石灰肥料	磷酐 氧化鉀 石灰	3～4% 7～8% 11%	速效性	不和硫酸銨、氯化鉀、過磷酐石灰並用。如果要手工製造，必須去除化學物質或金屬類等
魚渣	改善味道的動物質有機肥料	氮 磷酐 氧化鉀	7～8% 5～6% 1%	弱速效性	施肥至種植需要2～3星期。注意鳥或蟲帶來的損害。避免施加過量。幾乎沒有氧化鉀
米糠	最適合作為堆肥、發酵有機肥的發酵材料	氮 磷酐 氧化鉀	2～2.6% 4～6% 1%	緩效性	施肥至種植需要3星期。脂肪含量多，分解速度慢。攪拌混合避免成為害蟲或雜菌的巢穴
乾燥雞糞	磷酐含量多的普通化成肥料	氮 磷酐 氧化鉀 石灰	3% 5～6% 3% 9～14%	速效性	施肥至種植需要3～4星期。吸收水分將會發出惡臭
發酵雞糞	磷酐含量多的普通化成肥料	氮 磷酐 氧化鉀 石灰	4% 7～9% 2.5% 10～15%	速效性	施肥至種植需要1星期。肥料成分多，一次施加的量不要太多

化成肥料與單肥

讓我們緊接著說明化學肥料。有一個很類似的用語是「化成肥料」，它和化學肥料有什麼不同呢？

若以一言蔽之，即化成肥料是化學肥料的一種。在製造的過程中，以化學的方式結合肥料 3 要素——氮（N）、磷（P）、鉀（K）當中兩種以上要素的肥料。如果肥料袋上標示 8－8－8，則代表依照 N、P_2O_5、K_2O 的順序，各要素各含 8%。

若 3 要素的成分均衡，如上述般相同比例的，稱為水平型；其他如 5－8－5 等磷較多的，稱為山峰型；相反的，如 10－2－8 等磷較少的，則是低谷型。

另一方面，在化學肥料中，僅含有 3 要素當中單一成分的肥料稱為單肥。例如，氮肥中有硫酸銨和氯化銨，磷肥則有溶磷和過磷酸石灰，鉀肥則有硫酸鉀和氯化鉀等。

此外，將多種單肥混合的肥料稱為複合肥料。其中包括僅混合單肥的「單肥混合」、並非粉狀而是加工成粒狀的「BB(Bulk blending) 肥料」、混合有機肥料，以及同時具備化學肥料和有機肥料特徵的「含有機混合」等複合肥料。

下一頁整理了主要的化學肥料種類清單，請參考看看。

溶磷是枸溶性肥料

化學肥料大多在放進土壤後會立刻溶於水且快速地被植物吸收，但溶磷不溶於水，而是溶解於檸檬酸。這種化學肥料稱為「枸溶性肥料」。植物會從根部分泌一種有機酸稱為根酸，並溶解這些肥料轉變為無機離子，同時進行吸收。

肥料的數量和種類真是五花八門呢！

肥料的種類		配方百分比		效果	注意點
氮肥	硫酸銨	氮含量	21%	速效性	施加後會變為酸性 肥效期限約 1 個月
	氯化銨	氮含量	25%	速效性	施加後會變為酸性 易溶於水，若非少量地逐漸施加，會引起肥害 不適用於薯類
	硝酸銨	氮含量	34%	速效性	不吸附於土壤而容易流失 若接觸到葉片，會引起葉枯病
	尿素	氮含量	46%	速效性	中性 根衰弱時以液肥散布在葉面上相當有效，但要注意避免過量
	石灰氮	氮含量	21%	緩效性	具有毒性，要注意 施肥時務必戴上口罩以免吸入
磷酐肥	溶磷	磷酐（枸溶性） 20% 苦土 15% 矽 20% 鹼性含量 50%		緩效性	接觸到硫酸銨或氯化銨等酸性肥料即溶解 長效、持久 適用於培育酸性土或暗色火山灰土的土壤
	過磷酐石灰 （過磷酐鈣）	磷酐 17～20% （水溶性磷酐 17%）		速效性	易溶於水，適合用於短期作物 用於長期作物時，可和溶磷混合（大致各相同分量）使用
鉀肥	硫酸鉀	氧化鉀（水溶性）50%		速效性	使土壤呈酸性 方便追肥 最適合馬鈴薯、紅薯
	氯化鉀	氧化鉀（水溶性）60%		速效性	使土壤呈酸性 吸溼性強，若附著在葉片上會引起葉枯病 不適合薯類，會使其纖維質變多

■化成肥料

肥料的種類		配方百分比		效果	注意點
肥料名稱	普通化成肥料	氮含量 磷酐 氧化鉀	8% 8% 6%	速效性	迅速發揮效果且容易使用 成分均衡、簡單方便
	高度化成肥料	氮含量 磷酐 氧化鉀	15% 12% 12%	速效性	成分均衡且成分含量多，長效持久 注意避免施加過量

含有各種成分的化成肥料和複合肥料都非常好用，但若能利用單肥只給作物所需之分量，就能更進步！

■複合肥料

肥料的種類		配方百分比		效果	注意點
肥料名稱	單肥複合肥料	氮含量 磷酐 氧化鉀	7% 7% 7%	速效性	粉狀複合肥料，種類繁多 吸溼性高，容易凝固，須確認素材的混合比例
	BB肥料	氮含量 磷酐 氧化鉀	15% 12% 10%	速效性	粒狀，比粉狀容易處理，需確認素材的混合比例
	含有機複合肥料	氮含量 磷酐 氧化鉀	15% 12% 10%	速效性 ＋ 緩效性	兼備單肥的速效性和有機質的緩效性，須確認素材的混合比例

5-5 肥料的分類②
－依形態分類－

固態肥料與液態肥料

將肥料依形態分類為固態或液態。無論是化學肥料還是有機肥料，幾乎都是固態肥料，依大顆粒、中顆粒、小顆粒等顆粒的大小分為許多種類。

以液體狀態使用的肥料稱為液態肥料（液肥），有以水稀釋原液或粉末狀物質，也有調整過濃度後的市售品。一般是以化學肥料為原料製作，但其中也有販售使用有機原料的商品。

另外有一種液態肥料，不是從根部吸收，而是從葉片吸收，稱為葉面散布劑。肥料成分的吸收或移動會因物質而有差異，但氮或微量元素等成分都是從葉面吸收比從根部更容易，以此作為補充缺乏成分的方法，效果值得期待。

效果依形態而異

固態肥料在土壤中徹底溶解需要不少時間，因此有不易產生肥害、缺肥問題等特徵。效果雖慢，卻長效持久，適合用於基肥和追肥。

固態肥料的顆粒愈大，肥料的效果愈慢，且肥效期限愈長。相反的，顆粒愈細小，肥料發揮效果

的時間也愈早，但肥效期限會縮短。

　　液態肥料（液肥）雖為速效性，但因為是液體，會立刻從土壤中流出，容易有缺肥的問題，不適合作為基肥使用。但它兼具給水的功能，用於追肥非常方便。

■效果依顆粒大小而異

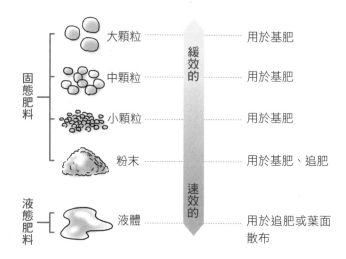

固態肥料	大顆粒	⋯⋯	緩效的	⋯⋯	用於基肥
	中顆粒				用於基肥
	小顆粒				用於基肥
	粉末				用於基肥、追肥
液態肥料	液體		速效的		用於追肥或葉面散布

即使同樣是顆粒狀，效果也會依大小而不同喔！

5-6 肥料的分類③
─依效果分類─

速效性肥料的用法

依照肥料生效所需時間的長短，可分類為「速效性肥料」「緩效性肥料」「遲效性肥料」等三大類。

速效性肥料有硝酸銨、硫酸銨、氯化銨、尿素等單肥與化成肥料。這些化學肥料的特徵，是以立即見效卻同時也立即結束。

用於基肥或追肥皆可，但若一次大量給予，容易引起肥害，而且殘留在土壤中的肥料含量會流失，要不時地給予適當的肥料量。

■速效性和緩效性的區分

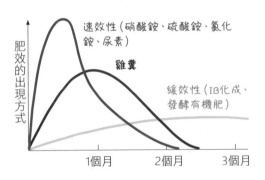

	速效性	緩效性
肥效	立即見效但立即結束	效果緩慢出現但長久
適合土壤	壤土	壤土～砂土
基肥、追肥	基肥、追肥	基肥（全部基肥是ok的）
注意事項	一次施肥過多容易流失	需與速效肥料搭配，否則初期發育會不良

緩效性肥料的用法

緩效性肥料是一點一點地溶出，肥料濃度不會突然升高，效果緩慢持續。它的效期會依照種類各有不同，大約都在 1～2 個月之間。因此，在作物生長期間使用緩效性肥料作為基肥，可以在沒有追肥的情形下，無缺肥、無肥害地生長。

然而，沒有追肥，全部都用基肥時，溶出方式會依天候或灌水的方式變動，可能會出現作物需要時不見得能剛好順利溶出的問題。也可能會有需要時缺乏、不需要時卻過多的狀況，尤其常有生長初期功效不佳、缺乏肥料的情形。

為了解決這個問題，可以用緩效性肥料為基本肥料，給予需要量的 50～70% 左右，然後補充速效性的化成肥料，或是觀察作物的生長狀態，再用化成肥料或液肥追加肥料成分短缺的部分，即可改善這個問題。

此外，如果在種植的 2～3 星期前就給予肥料，效果也會提早。

組合緩效性和速效性肥料一起使用，較能精確實行施肥管理喔！

遲效性肥料的用法

　　絕大多數的有機肥料都是遲效性肥料。因為是經由土壤中的微生物分解有機物，才會出現「肥料」的效果。

　　依土壤的溫度不同，效果會有極大差異，當土壤溫度超過25℃時，有和緩效性肥料相同的效果，但在10℃以下時，效果的出現會變慢。因此能像果樹或庭園樹木般，成為冬季時生長趨緩之作物的「寒肥[※1]」或「禮肥[※2]」，用於溫度較低的時期。

■依種類分類的肥料效果差異

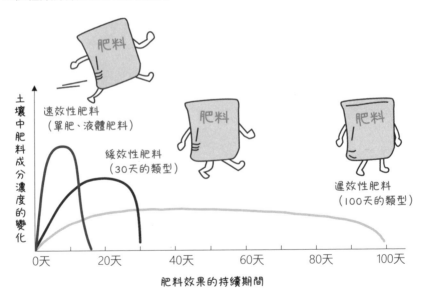

注意改良肥料的效果表現

有機肥料原本幾乎都屬於遲效性或緩效性；化學肥料則為速效性。然而，近年連化學肥料也有緩慢出現效果的「IB化成」等，特地加工成緩效性的產品大量問世。有機肥料當中，也有發酵油粕或發酵有機肥等具有速效性效果的肥料。

此外，將有機肥料和化學肥料混合製成的複合肥料也有許多種類，因此務必要檢查混合的肥料內容和含量。

■在肥料袋上檢查效果

法律規定業者有義務將肥料的種類、成分含量、業者名稱、生產年月日等資訊記載在肥料袋上。如下圖所示，效果的速度也被標示在內。此外，如果成分含量標示為「15－15－15」，則代表氮、磷酐、氧化鉀各含15％，意即1袋如果是20 kg，當中的3要素則各有3kg。

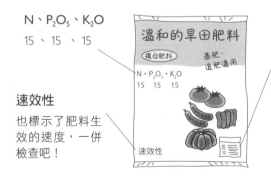

N、P_2O_5、K_2O
15 、 15 、 15

速效性
也標示了肥料生效的速度，一併檢查吧！

標籤
標示「生產業者保證表」「販售業者保證表」等。只要多少有些專門知識，就能從中得知更詳細的肥料成分

5-7 依種類分類的肥料清單

成分元素含量 ← 多 / 少 →

發酵有機肥
- 立即見效，效果持續約 1 個月。可用作基肥與追肥
- 原料為有機質，有助於補給多種元素

混合油粕、雞糞、米糠或骨粉等各種有機物發酵，穩定肥效的肥料。均衡含有 3 要素，微量元素也很豐富。有機物對於土壤改良也有幫助，可增加土地生產力。

有機肥（單一原料的類型）
- 效果非常緩慢，故用作基肥

來自菜籽油榨完油的渣滓、魚的乾燥粉末等動植物的有機物。氮與磷含量很多。施肥後經由微生物分解，之後植物便可以吸收，所以當成基肥使用。發酵、分解時會發出熱或氣體等，對蔬菜造成不良影響，所以至少得在播種或植苗的 2 星期前施肥。

緩效性化成有機組合肥料
- 立即見效，效果長時間維持
- 從僅有 3 要素，到含有微量元素或腐植質等，種類繁多

粒狀或片狀，表面塗層被調整成能讓肥料養分逐漸溶出，可立即且長久見效。也有藉由微生物分解的類型。用作基肥時可省下不少追肥的工夫。均衡含有 3 要素，也有許多類型添加了次要要素、微量元素。

過磷酸石灰 以水溶性的磷酸為主體
磷礦加上硫酸起反應製造而成。也簡稱為過磷酸鈣或過石灰。含有許多水溶性的磷酸，具速效性。可用於基肥與追肥。

溶磷 以枸溶性的磷酸為主體
溶磷包含的磷幾乎都是難以溶於水中的類型，不具速效性。也含有鈣與鎂等。

石灰氮 兼具肥料與藥劑效果
含有氮與鈣等，施肥後具有肥料與土壤消毒劑的效果。施肥後會產生具有毒性的物質，因此施肥後得間隔 7～10 天的時間再種植。也有促進腐熟的效果。

蔬菜產生肥效的速度

化成肥料（一般肥料）

●立即見效，持續約 1 個月。可用於基肥與追肥

粒狀較多，均衡含有 3 要素，但也有不含磷的「NK 化成」。另外，還有調配了讓氮成分不會快速溶出物質的「IB 化成」，或添加了鎂和鈣的類型。3 要素含量合計達 30% 以上者稱為「高度化成」；不足 30% 者稱為「普通化成」（低度化成），建議一般的家庭菜園使用普通化成，因為即使多施用亦不致出現妨害。

草木灰　鉀較多，也含有磷

草木燃燒後的灰燼。水溶性的鉀較多，具速效性，也有改良酸性土壤的效果，但施用過多土壤會鹼化，這點請注意。

燒製骨粉　磷非常多

豬骨或雞骨以 1000℃ 以上的高溫燒製而成。以磷為主體，經常與其他肥料加在一起使用。

單肥

●立即見效，效果約 1 個月，可用於基肥與追肥
●只含有 1 種要素，因此使用時常與含有其他要素的肥料搭配使用

無機質，速效性。搭配分別含有 3 要素的單肥，決定基肥、追肥的量，即可設計出不浪費的肥料配方。硫酸銨與尿素是氮肥；硫酸鉀則是鉀肥。

液體肥料

●效果立即顯現，但不會長久持續，屬追肥專用
●從僅有 3 要素，到含有微量元素或胺基酸等，種類繁多

呈液狀或粉末狀，需加水稀釋或溶解後使用。一般是由無機質製造的液狀複合肥料，也有 100% 由有機質製造的種類。能快速吸收顯現效果，但無法長久持續，效果只有 7～10 天，可兼當澆水的追肥。

葉面散布劑

●並非從根，而是從葉子吸收，具超速效性
●從單肥到含有多種要素的類型都有

液態肥料的一種。加水稀釋散布在葉面上讓作物吸收，肥料成分的吸收、轉移依物質不同而有差異，如氮（尿素）、微量元素或胺基酸等。比起根部，從葉面更容易吸收，當成輔助方法的效果極高。

快　➤

5-8 挑選肥料的重點

不先入為主，採取區分使用更聰明

經常有人認為，既然難得親自栽種蔬菜，當然希望能採取安全又安心的有機栽培，而絕對不使用化學肥料。然而，認為化學肥料就是「不好」的這件事，本身就是錯誤的。

化學肥料確實是由化學工廠製成的肥料，但原料卻全都是天然的物質。例如，氮肥含有大氣中的氮氣；磷肥料是採用磷礦石；鉀肥則是岩鹽等。地球的空氣約70%是氮，但植物無法直接使用空氣中的氮，磷礦石中的磷也幾乎不具效用。這時，經過化學處理而增強肥料效果的，便是化學肥料。當然，施用的量超出所需時，對作物和環境皆有不良影響，然而在改善作物味道和收成量方面，化學肥料卻有極好的成效。

另一方面，有機肥料因為是來自於動植物，往往被認為對環境較為溫和，但也有並非完全如此的情形。

例如，將海外輸入的原料製造成有機肥料施用在旱田，便可以看作是將外國的養分帶進日本，不見得一定對環境有益。而且有機肥料幾乎都含有很多難以從土壤流出的磷，持續使用容易造成磷過量

的情形。因此倒不如將尿素等化學肥料只施用必要的量，對環境的影響較少。

　　化學肥料和有機肥料各有其特色，不要拘泥於好壞等先入為主的想法，應該聰明地區分使用較為合適。

有效運用單肥

　　配合土壤的保肥力，僅給予作物所需的分量，是施肥的一大鐵則。對初學者而言，氮、磷、鉀含量均衡的化成肥料等複合肥料較容易使用，但依照土壤的狀態或栽種的作物，必要的肥料成分會有所不同。

　　這時，可以靈活地運用「單肥」。單肥只含有1種肥料成分，此時必須好好思考，對作物而言何種要素才是最必要的。然而，也可以逆向思考，只給予作物所需成分的必要量。

　　一起掌握單肥的施肥訣竅，朝施肥專家前進吧！

肥料的購買與保存方法

肥料僅購買必要的量，在1年內用完

以一般蔬菜為例，每 $10m^2$ 的春作、秋作所需的氮成分為 $200 \sim 500g$

2m
$10m^2$
5m

硫酸銨
$N=21\%$
2.5kg

普通化成
$N \quad P_2O_5 \quad K_2O$
$8 - 8 - 8$
7.0kg

購買後最好在包裝袋上註明日期，掌握先進先出的原則，從舊的開始使用

1年內必要的量這樣就足夠了

肥料需密封保存在陰暗處

硝酸銨、氯化銨、氯化鉀、過磷酸鈣（過磷酸石灰）等容易吸收溼氣凝固。

硫酸銨等銨類肥料會在高溫下脫氮

暴露在高溫下，氮會逐漸流失

○

黏糊糊的…

×

放進塑料袋或塑膠袋內完全密封

不能用紙袋

有機肥料（油粕、米糠、魚粉）可能會被老鼠吃掉

防老鼠！防蟲！防腐敗！

第 6 章

肥料的用法

施肥不僅會影響作物的收成量,也會左右蔬菜味道、影響花卉的外觀。一旦採用了錯誤的施肥方法,不僅會阻礙作物的生長,也會對環境帶來負面影響。因此施肥的基本原則,是在必要時刻給予必要分量。讓我們以家庭園藝再晉升一等級為目標徹底學習吧!

6-1 施肥的基本方法

遵守適當的施肥量

施肥前要確實執行土壤培育

化學肥料為主體的施肥效率較佳，但如果沒有確實做好土壤培育，會愈來愈難以栽種作物。因此，務必每年投入能夠增加微生物的堆肥。投入家畜糞堆肥或廚餘堆肥時，必須控制基肥的量，觀察作物的生長狀態再進行追肥。

　　施肥方法錯誤時，肥料也可能成為藥物或毒藥。家庭園藝因面積較小，往往不知不覺間施肥過量。過量施肥不僅會對作物帶來不好的影響，容易流入水中的氮也可能造成地下水汙染。

　　先進行在第 2 章學到的土壤健康檢查，清楚知道土壤的狀態後，再來進行土壤培育。提高土壤保肥力的同時，也要調整養分的均衡，遵守「先決定作物養分必要量，再給予適當施肥量」的原則。

　　除了肥料的種類會對施肥量造成影響外，相同的肥料也會因顆粒狀態（粉狀／粒狀）而影響施肥量，這時可先測量一小撮的量，親自體驗並記住 1 次能施用的量即可。

　　附帶一提，化學肥料一小撮約 50 ～ 60 g。

施肥設計的基本原則

　　施肥的基本原則是將基肥和追肥區分開來。由於土壤的保肥力是固定的，因此必須控制在這個範圍內，補充消耗掉的部分。

　　各種有機肥料的成分都不同，因此初學者不妨

先從化學肥料的基本用法開始學習吧。土壤培育完成之後進行的施肥，基本原則是將需要的磷量全部用於基肥，如遇生長期間超過 2 個月以上的作物，則再將一半分量的氮和鉀也用於基肥，剩下的一半作為追肥使用，於間隔 1 個月後，分 1～3 次施加進去。

生長期間如果在1個
月左右，只靠基肥
就足夠了

化成肥料的用法

化成肥料的成分均衡、使用方便。使用化成肥料時，以基肥的氮成分為基準計算基肥的量，只有當磷分量不足時，可再補充磷酸石灰（過磷酸鈣）。

氮的必要量依作物而異，標準狀態大約是每 $1m^2$ 需要 10～15 g，其中，基肥部分約使用 10 g，剩下的則以每次 5 g 為標準進行追肥即可。此外，追肥不需要使用磷，與其使用含 3 要素的化成肥料，建議使用只有氮和鉀的 NK 化成肥料更能不浪費地有效利用。

單肥的用法

硫酸銨、硫酸鉀等單肥，則需先個別計算分量後再混合施肥。雖然必須自行計算 3 要素的成分量，但在追肥時，可以配合作物的狀態，只針對缺乏的部分施肥，具備不浪費肥料的優點。

6-2 各作物的施肥量不同

美味蔬菜需要「緩慢的氮」

作物要順利生長，需要氮、磷、鉀這3要素。其中，與蔬菜美味與否關係格外深厚的是「氮」。

好像有許多人認為有機栽培的蔬菜比較美味，使用化學肥料似乎就不怎麼好吃。然而，無論採用何種栽培法，若期待種出既美味又營養價值高的蔬菜，只要使氮緩慢地發揮效用，讓蔬菜慢慢地生長即可實現。

當然，有機肥料因為是遲效性的，的確是適合種出美味蔬菜的肥料，然而，一旦施肥過量，將會破壞養分均衡。再者，即使在基肥中投入有機肥料，氮也可能會用罄，此時可補充速效性的化學肥料。在必要時候給予必要分量，是很重要的施肥原則。

這一點，花卉也是如此。若希望開出美麗的花，稱為「花肥」「果肥」的磷肥便是開花的必備要素。

記得要配合作物的生長，來考量肥料的種類和施肥分量哦！

生長期間超過2個月的作物，以半量用於基肥、半量用於追肥為基本！

各類型肥料產生效用的方式

以施肥基本為基礎的前提下，葉菜以氮為主體，根菜使用鉀，果菜、花卉則多用一些磷等，根據種植的作物考慮肥料成分的均衡。

另外，也必須根據蔬菜的生長期間，考慮肥料成分的均衡再進行施肥。

生長初期的施肥類型

初期生長較旺盛，因此施肥以基肥為主，生長期間較長的作物需要適量的追肥。如大頭菜、生菜（萵苣）、菠菜、洋蔥、白菜等。

恆常不變的追肥類型

夏季蔬菜，如番茄或茄子等果菜類的整個生長期間都需要追肥。追肥必須每次少量、多次實施。其他另有青椒、青蔥、西洋芹、大蔥等。

生長後期的追肥類型

初期生長較緩慢的作物，或者藤蔓不明顯的蔬菜，則需控制基肥於適量，再於生長中期至後期時，利用追肥調整。如草莓、花椰菜、南瓜、白蘿蔔、牛蒡等。

決定肥料的量

栽培時，為避免施肥過量，不妨先記熟各個肥料具體的量。

在日本的各都道府縣，會配合該地區的氣象和土壤條件，製作各個主要作物的標準施肥量和標準施肥時期。基本上，只要照著這個標準施肥，即可遵守適當的量，請參考下表為例。

■主要作物每 1m^2 的標準施肥量（南關東暗色火山灰土的情形）

種類		葉菜類			根菜類		果菜類		
		醃漬鹹菜類	生菜（萵苣）青蔥菠菜等	白菜高麗菜花椰菜等	白蘿蔔大頭菜等	胡蘿蔔	番茄茄子等	小黃瓜香瓜等	豌豆毛豆等
成分量	氮（N）	15g	20g	25g	20g	20g	25g	25g	10g
	磷酐（P$_2$O$_5$）	15g	15g	25g	20g	25g	30g	25g	15g
	氧化鉀（K$_2$O）	15g	15g	20g	15g	20g	25g	20g	10g

生長期間與肥料的必要成分

作物會依照生長期間吸收各自需要的養分。莖和葉延展生長的時期吸收氮；結出花卉或果實的時期吸收磷；根菜生長的時期吸收鉀。因此必須留意施肥方式，使各個時期都能吸收到適當的養分。

■作物的生長期間與養分吸收的均衡狀態

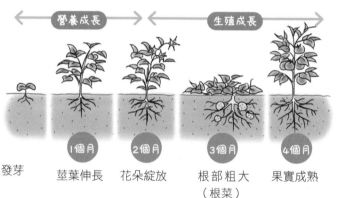

作物的生長期間

【營養成長】 【生殖成長】

發芽	莖葉伸長	花朵綻放	根部粗大（根菜）	果實成熟
	1個月	2個月	3個月	4個月

在蔬菜或花卉的生長過程中，均衡吸收肥料的狀態　Ⓝ 氮　(P₂O₅) 磷酐　(K₂O) 氧化鉀

葉菜
菠菜、小松菜 → Ⓝ (P₂O₅) (K₂O) 以莖葉為中心
花椰菜、青花菜 → Ⓝ (P₂O₅) (K₂O) 會長出蓓蕾

根菜
牛蒡、白蘿蔔、紅薯、馬鈴薯 → Ⓝ (P₂O₅) (K₂O) 使根部粗大

果菜、花卉
番茄、小黃瓜、茄子、西瓜、花卉 → Ⓝ (P₂O₅) (K₂O) 結出果實

■依作物區分肥料成分的均衡狀態

【水平型】

氮　磷　鉀

均衡地給予氮、磷、鉀。適用於基肥。

【山峰型】

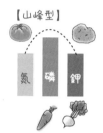

氮　磷　鉀

多施用一些磷。適用於果菜、根菜、花卉等。

【低谷型】

氮　磷　鉀

磷控制在適量。也適用於短期的葉菜。追肥以此類型為佳。

6-3 施肥量依季節而不同

春秋需施用較多肥料

　　肥料的必要量，會因季節的寒暖冷熱或因地區的氣溫差異而不同，也會因土壤溫度不同而有異。仔細觀察作物的生長狀態，在正確的時間點投入追肥吧！當葉子顏色濃郁、莖葉強韌挺直時，就不需要再供應追肥。

　　基本上，在氣候穩定、容易生長的春季和秋季要多多施肥。

根據季節差異或地區不同造成的氣溫差異，施肥的量也會跟著不一樣喔。

作物的生長期，肥料要多一點。

作物的生長穩定，肥料要少一點。

日照強烈，水分補給更重於施肥。

適合作物生長的氣候，肥料要多一點。

春　冬　夏　秋

早春 ～初夏

氣溫穩定、舒適的季節，作物最容易生長，微生物的活動也很活躍。雨量多，作物的生長又旺盛，所以能夠迅速吸收肥料。多給一點肥料吧！

初夏 ～盛夏

日照強烈且日照時間長，因此作物容易水分不足而有暑熱無力的反應。葉子萎縮時，通常代表水分的需要度更高於肥料，必須多留意。少給一點肥料吧！

初秋 ～秋季

氣溫和日照都很適當，是作物容易生長的季節。偶有秋雨或颱風等季節特有現象，而大雨後肥料容易流失，必須適度追肥。可以多給一點肥料。

冬季 ～初春

氣溫、地溫皆低，日照時間也很短，因此作物的生長相當緩慢。由於肥料的吸收量也少，如果一次即施用大量肥料，會使生長不良。記得少給一點肥料吧！

肥料的吸收良好，微生物也很活躍

注意！補水比施肥更重要！

肥料的吸收量少，僅給予少許即可

6-4 基肥的施肥方法

全面施肥與條溝施肥

基肥的效果依施肥方法而異。培育蔬菜時，基肥的施肥方式可大略分為全面施肥與條溝施肥（開溝施肥、定植孔施肥）這2種。

全面施肥

所謂的全面施肥，是將肥料撒在整個旱田上，再充分耕作、混入土壤的方法。肥料會立刻和土壤相容而快速顯現出施肥效果，因此適合田壟寬廣的旱田。

另外，全面施肥也適用於小松菜或菠菜等根部較淺卻會廣闊伸長的葉菜類，以及白蘿蔔、胡蘿蔔等根菜類。

條溝施肥（開溝施肥、定植孔施肥）

將基肥投入到無法追肥的根部下方的施肥方法。在作物的根延展伸長的土壤下層部位挖掘條溝，投入肥料。投入後，要和土壤充分混合，且為了避免根直接接觸肥料，可在肥料上方倒入約10～15公分的土之後再撒種或植苗。肥料的用量遠比全面施肥少，卻可完成施肥。

所謂的開溝施肥，是在犁田壟之前，先於田壟中央的位置挖掘條溝，然後在溝內施肥後，再將土

壤倒回去的一種整頓田壟的方法。在田壟上種植作物時，間隔以 50 ～ 60 公分為佳。

定植孔施肥是開溝施肥的一種，是在犁好田壟後，掘出深一點的定植孔，然後在孔內施肥，接著與土壤混合後，再倒回少許土壤的施肥方法。這兩種都是當根往深處擴展後，肥料才會發揮效用的施肥方法。若土壤中的養分濃度高，根無法伸長至深處，生長將趨於貧弱，因此施肥的重點是必須讓肥料投入的位置與根保持些許距離。

定植孔施肥適合用來種植番茄或茄子等果菜類的苗。然而同樣是果菜類的小黃瓜，因為根部較淺且會向四周擴展，比較適合採用全面施肥。

■全面施肥與條溝施肥的施肥方法

全面施肥	條溝施肥（開溝施肥）
將肥料撒在整個旱田上，充分翻耕土壤，讓肥料與土壤混合均勻。	在作物的根延展伸長的下層土壤部分挖掘出條溝，投入肥料。

■栽種花卉時

不用做出田壟，將肥料混入整個土壤內，挖掘洞孔再置於相距約30公分的位置。

如果在基肥中放入了緩慢又長效持久的緩效性肥料，會非常有效果喔！

6-5 追肥的施肥方法

追肥的基本原則

追肥的目的是利用追加的方式投入作物生長中缺乏的養分，因此通常不會使用有機肥料等生效緩慢的產品，而會使用具速效性的化學肥料或液態肥料。

追肥的施肥方法有洞孔施肥、開溝施肥、撒布施肥等。施肥時，為了避免肥害或葉害，必須掌握施肥的訣竅。訣竅在於不是對著根部直接施肥，而是對根部即將伸展到的苗株之間，以及田壟兩側的肩部及通道施肥。

同時，為了能不浪費地快速生效，只要在施肥部位挖掘淺溝，投入肥料後，用土壤覆蓋，混進土壤內，即可發揮效果。土壤乾燥時，只要在追肥後灌水，便能快速出現肥效。

洞孔施肥、開溝施肥、撒布施肥

洞孔施肥，是對生長期間長的蔬菜進行的追肥方法，在距離苗株稍遠的位置挖掘洞孔埋入「底肥」。適用於果菜類等株和株之間稍有距離的作物。

開溝施肥，是在距離苗株稍遠的位置挖掘溝

渠，再投入肥料到溝渠內的追肥方法。適用於青蔥
或白蘿蔔等種植成條狀的作物。

　　撒布施肥是指，從洋蔥或青蔥等苗株的上方散
布肥料的方法。施肥過後，再從上方覆蓋過篩後的
土壤。

■追肥的施肥方法

洞孔施肥

適合生長期間長的
蔬菜。在距離苗株
稍遠的位置挖掘洞
孔，再埋回土壤。

20～30cm

開溝施肥

適合種植成條狀的
作物。在距離苗株
稍遠的位置挖掘溝
渠，放入肥料後再
蓋回土壤。

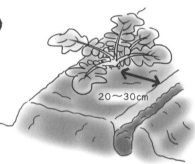

20～30cm

撒布施肥

適合苗株等尚在生長
初期的作物。在散布
肥料的位置均勻地覆
蓋上已過篩的土壤。

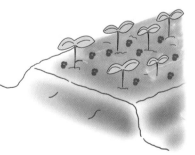

花的追肥

用水稀釋再澆灌上去
（液狀）

放置在土的表面
（錠劑）

在距離苗株20～30公
分的位置挖掘溝渠再撒
入（粒狀）

追肥後灌水
能使效果更
早發揮喔！

在哪裡追肥最有效果？

　　植物是從根吸收土壤中的水分和養分，但絕不是從整個根部吸收。大多數是從靠近生長中的根部的前端部位吸收，此處有一種稱作「根毛」的極細毛狀突起物，根便是從此部位的細胞開始伸展。因為根毛能夠擴展根在土壤中的表面積，因此能有效率地吸收水分和養分。

　　植物根部的前端，是指往地表橫向伸展的枝的前端，以及垂向地下的範圍，以此作為追肥的標準範圍。

　　如番茄或小黃瓜等果菜類，這種於採收時必須切掉枝的作物，根部其實會延展到距離更遙遠的外側。但在旱田時，因為與相鄰苗株或其他作物的距離受限，通常是在田壟的肩部施肥。附帶一提，生長成熟的番茄根，甚至可以擴展到直徑約 2 m 左右。

　　追肥時，必須充分考慮何處是植物最容易吸收的地點，再加以施肥。

不適合追肥的時機

　　作物生長上需要的物質，除了養分以外，太陽、二氧化碳、水更是重要。即使土壤中的養分十分充足，在連續低溫或陰天，或者缺乏水分時，肥料的吸收量將會變少且生長會變得遲緩。當土壤溫度偏低，微生物的活動會比較遲緩，對肥料的分解能力也比較差，造成養分的吸收降低。由此可知，在嚴寒的冬季施肥，也得不到理想的效果。

　　理所當然地，若作物水分不足而瑟縮萎靡時，與其繼續追肥，更應該先補充水分。當作物因氧氣不足而產生根腐病，或者因病害蟲而生病時，都不適合再追肥。如果在這時候施肥，反而會使根部變得更衰弱。

　　生長期間長的作物，只要當葉子顏色開始褪色，便需要加入追肥。例如春季種植的茄子等，需要在進入梅雨季、梅雨季結束、初秋時，約分成 3 次進行追肥。

　　然而，同樣是葉子的顏色褪色，究竟是因氮不足導致，還是根衰弱造成，又或者是因為缺乏磷或鉀引起，如果沒有正確評估就追肥反而會失敗。

　　在正確的時機、逐次少量地只給予必要分量、讓肥料緩慢生效等，皆是追肥的訣竅。

要記住何時得減少追肥或禁止追肥喔！

6-6 液態肥料的施肥方法

以液態肥料取代傳統澆水

液態肥料（液肥）是非常速效性的高性能肥料。將固態肥料適當地撒在土壤上，會需要時間讓肥料溶於水，但液態肥料能縮短這個過程，因此能快速展現出效果。它主要用於苗株或陽台等容器栽培的追肥，在春季等作物生長旺盛的時候，液態肥料也是當基肥的肥效尚未彰顯卻又希望能立即產生效果時的重要肥料。

液肥只要低於規定的濃度，直接淋在根部或葉子上並無需擔憂，因為多餘的部分會自行流出，可以代替傳統的澆水。只是如此一來，肥效將無法長久持續，大約只能維持1個星期。必須觀察作物的生長狀態，每隔1星期施肥一次。

液肥的稀釋倍率會根據液肥的種類或作物的種類而不同，因此必須遵守各液肥記載的倍率，在使用時務必將液肥放進必要量的水中稀釋。梅雨季或生長旺盛時追肥的濃度要略濃；乾燥時則要稀釋得淡一點且施肥次數多一點，這些皆是液態肥料的施肥訣竅。

液態肥料以氮、鉀為主體

只要事先在基肥中投入骨粉、過磷酸鈣（過石）等磷肥料，利用液態肥料追肥時，便能以氮、鉀為主體進行追肥。因為磷不易流動，因此追肥時只需補充氮、鉀就足夠了。

不過，草花或蘭花等植物，在形成花芽時，若減少氮含量並使磷發揮效用，將能順利結出花芽，因此若能在這時使用磷偏多的液肥，效果會更好。

■液態肥料的稀釋方法

在必要水量中放入規定量的液肥

滴管

塑膠桶 5L

畫出表示水量的線

茶匙1平匙為2mL（g）

6cm　4.6mm

在直徑4.6 mm的吸管，6公分即為1mL（g）[※]

※用嘴巴直接吸吮吸管的行為，是非常危險的。

濃度	水量（公升）	液肥 mL（毫升）
500倍	1	2
	5	10
	10	20
1000倍	1	1
	5	5
	10	10

施肥原則：生長旺盛期、梅雨季，濃度高一點；
　　　　　乾燥期、初秋，濃度低一點

在液肥中加水稀釋是錯誤的喔！應該是在必要水量中加入規定量的液肥，才是正確作法。

6-7 發酵有機肥料的用法

作為家庭菜園的追肥非常方便

所謂的發酵有機肥料,是指油粕、骨粉、米糠、牛糞等植物質或動物質的有機肥料層疊後發酵的肥料。也有在這些有機肥料中混入土壤改良材料(木炭、沸石等)或土壤的方法。

正因為發酵有機肥料是已經發酵的物質,因此也有促進土壤中微生物分解的效果,在旱田施肥後能快速地發揮效用。此外,肥料效果是緩慢逐漸地生效,因此能在不引起生長障礙的狀態下讓作物吸收養分。

發酵有機肥料的種類,幾乎是有多少間農家就有多少種製法,只要有效地使用身邊現有的物質,就能製作出符合自己旱田的發酵有機肥料。使用植物質的材料製作時,則鉀含量較多磷較少;使用動物質的材料製作時,則磷含量較多鉀較少,因為會有這種傾向,所以只要將材料組合使用,即可製作出營養均衡的肥料。

家庭內也能輕鬆便利地使用發酵有機肥料,在家庭菜園或容器栽培上皆大有助益。

發酵有機肥料的材料

　　製作發酵有機肥料的基本原則，是混合能促進有機物產生發酵作用的物質，然後倒入適當的水分使其發酵。其成分根據混合材料而有所不同，但一般來說，以氮 2.5%、磷 2.5%、鉀 1% 等比例混合較為適當。

　　發酵有機肥料中會使用家畜糞或廚餘等物質，因此在製作過程中會散發出些許異味。如果在意這類情形，可以在製作時混合先前提到的燻炭或沸石等即可改善。

■適合製作發酵有機肥料的有機材料

米糠	米的皮，故油分較多，不易腐敗。肥料成分豐富，且維生素和礦物質也豐富，故適合作為發酵有機肥料的發酵材料。
油粕	價格便宜的氮肥代表材料。在土壤中的分解過程裡容易產生氨，故適合作為發酵有機肥料的材料。
豆腐渣	氮較多，磷較少。由於氮含量高，則微生物會進行分解，故適合作為發酵有機肥料的材料。生豆腐渣很容易腐敗，必須儘早處理。
咖啡渣	呈現多孔質的形狀，會吸收水分或臭味成分。和豆腐渣或米糠等肥料成分較多的物質混合，能促進發酵。
雞糞	氮、磷較多，而且是養分均衡的材料，作為發酵有機肥料的材料相當適合。用於發酵有機肥料時，乾燥的雞糞優於發酵的雞糞。
魚渣	氮、磷較多，作為肥料使用效果極佳。用於發酵有機肥料時，可放入草木灰等補充鉀含量，即可做出營養均衡的肥料。

6-8 發酵有機肥料的製法

運用手邊的材料製作發酵有機肥料

發酵有機肥料是將米糠、油粕等有機肥料層疊後發酵的肥料。因為這些物質會徹底分解，故能在促進土壤中微生物作用的同時，提供植物均衡良好的肥料成分。

發酵有機肥料有各種製法，下面將介紹其中幾個例子。試著有效地使用身邊現有的物質，做出符合自己菜園的發酵有機肥料吧！

■發酵有機肥料的製法

 將右側記載的各種有機肥料放進塑膠桶內

油粕2 kg	雞糞1 kg
魚渣1 kg	米糠500 g
骨粉1 kg	

加入3～4公升的水，
充分攪拌

 準備略潮溼的旱田土壤
5 kg，在空的塑膠桶內
交互倒入②的肥料和土
壤，層疊出三明治狀。
最底層和最上層要堆疊
土壤，然後蓋上蓋子

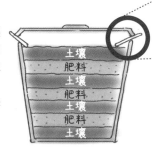

| 土壤 |
| 肥料 |
| 土壤 |
| 肥料 |
| 土壤 |
| 肥料 |
| 土壤 |

※ 蓋子和塑膠桶之間
可以夾著免洗筷等棒
子，以預留空隙

 用小鏟子每星期均勻
翻攪1～3次

翻攪時會散發出強烈的
氨的異味，必須格外注
意，以免對鄰居造成困
擾喔！

好臭～！！

 用2～4星期製作完成！

氮	2.5%
磷	2.5%
鉀	1%

 保存時，要先散布在陰涼處
乾燥，再裝進紙袋內備用

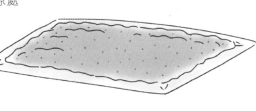

■寶特瓶發酵有機肥料　　廚餘＋腐植土

> **材料**　廚餘（大略切開備用）100 g、乾燥的腐植土或堆肥 150 g、1.2 公升以上的寶特瓶（上端部分切掉備用）、紗布、橡皮筋、保存用的瓦楞紙箱。

 將50 g的腐植土鋪在寶特瓶的底部。

 將廚餘和50 g的腐植土混合，放進①的上方。

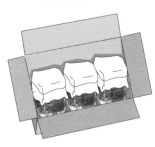 裝進瓦楞紙箱並放置在陽光下。可以同時裝好數瓶寶特瓶。擺放約4個星期，且每天攪拌1次。

4 為了防蟲，可用紗布或編織得較細的布等蓋住寶特瓶的開口部，再用橡皮筋固定。

3 將剩下50 g的腐植土放在最上方。

■塑膠袋發酵有機肥料　　廚餘＋米糠＋土壤

材料　廚餘（大略切開備用）250 g、乾燥的土壤或腐植土 500 g、米糠 15 g、塑膠袋、保存用的瓦楞紙箱

 將米糠撒在廚餘上。

 將①和土壤混合，放進塑膠袋內。

 搓揉塑膠袋以混合內容物。

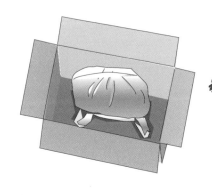

 不要封住開口，直接反摺後層疊保存，裝進瓦楞紙箱並放置在陽光下。經過2星期後，再定期以③的方式混合塑膠袋中的內容物。

索引

参考文献

『家庭菜園の裏ワザ』木嶋利男（家の光協会）

『家庭菜園の土づくり入門』村上睦朗・藤田智（家の光協会）

『土のはたらき』岩田進午（家の光協会）

隔月刊誌『やさい畑』（家の光協会）

『土と微生物と肥料のはたらき』山根一郎（農山漁村文化協会）

『有機栽培の肥料と堆肥つくり方・使い方』小祝政明（農山漁村文化協会）

『用土と肥料の選び方・使い方』加藤哲郎（農山漁村文化協会）

シリーズ『土の繪本』日本土壌肥料学会編（農山漁村文化協会）

國家圖書館出版品預行編目資料

超圖解 土壤、肥料的基礎知識 & 不失敗製作法：
聰明培育土壤，打造作物最愛的豐收菜園 / 後藤逸男 著；張華英
譯 . -- 二版 . -- 臺中市：晨星出版有限公司, 2021.09
面； 公分 . --（知的農學；1）
譯自：イラスト 基本からわかる土と肥料の作り方 使い方

ISBN 978-626-7009-58-1（平裝）
1. 肥料 2. 植物

434.231 110012870

知的農學 01

超圖解 土壤、肥料的基礎知識 & 不失敗製作法（修訂版）
聰明培育土壤，打造作物最愛的豐收菜園
イラスト 基本からわかる土と肥料の作り方・使い方

作者	後藤逸男
譯者	張華英
編輯	游珮君、吳雨書
校對	游珮君、陳宜蓁、許宸碩
封面設計	陳語萱
美術編輯	蔡艾倫

創辦人	陳銘民
發行所	晨星出版有限公司
	台中市 407 工業區 30 路 1 號
	TEL：04-23595820　FAX：04-23550581
	http://star.morningstar.com.tw
	行政院新聞局局版台業字第 2500 號
法律顧問	陳思成律師
初版	西元 2021 年 9 月 15 日（二版 1 刷）
再版	西元 2022 年 10 月 30 日（二版 2 刷）

讀者服務專線	TEL：02-23672044 / 04-23595819#212
	FAX：02-23635741 / 04-23595493
	E-mail：service@morningstar.com.tw
	http://www.morningstar.com.tw
郵政劃撥	15060393（知己圖書股份有限公司）
印刷	上好印刷股份有限公司

定價：350 元

（缺頁或破損的書，請寄回更換）

ISBN 978-626-7009-58-1
ILLUST KIHON KARA WAKARU TSUCHITO HIRYONO TSUKURIKATA & TSUKAIKATA
Supervised by Itsuo Goto
Copyright © Ie-No-Hikari Association, 2012
All rights reserved.
Original Japanese edition published by Ie-No-Hikari Association
Traditional Chinese translation copyright © 2021 by Morning Star Publishing Inc.
This Traditional Chinese edition published by arrangement with Ie-No-Hikari Association,
Tokyo, through HonnoKizuna, Inc., Tokyo, and Future View Technology Ltd.

掃描QR code填回函，成爲晨星網路書店會員，
即送「晨星網路書店 Ecoupon 優惠券」一張，
同時享有購書優惠。